Jean-David Rochat

Agriculture en milieu semi-aride: quand l'agroécologie s'impose

Jean-David Rochat

Agriculture en milieu semi-aride: quand l'agroécologie s'impose

Éditions universitaires européennes

Impressum / Mentions légales
Bibliografische Information der Deutschen Nationalbibliothek: Die Deutsche
Nationalbibliothek verzeichnet diese Publikation in der Deutschen Nationalbibliografie;
detaillierte bibliografische Daten sind im Internet über http://dnb.d-nb.de abrufbar.

Information bibliographique publiée par la Deutsche Nationalbibliothek: La Deutsche
Nationalbibliothek inscrit cette publication à la Deutsche Nationalbibliografie; des
données bibliographiques détaillées sont disponibles sur internet à l'adresse http://dnb.d-
nb.de.

Coverbild / Photo de couverture: www.ingimage.com

Verlag / Editeur:
Éditions universitaires européennes
ist ein Imprint der / est une marque déposée de
OmniScriptum GmbH & Co. KG
Heinrich-Böcking-Str. 6-8, 66121 Saarbrücken, Deutschland / Allemagne
Email: info@editions-ue.com

Herstellung: siehe letzte Seite /
Impression: voir la dernière page
ISBN: 978-3-8417-4117-2

> *« The transformation of the small-farm economy is one of the biggest economic challenges of our time »* (Peter Hazell)

> *« Une agriculture qui ne peut produire sans détruire porte en elle les germes de sa propre destruction »* (Pierre Rabhi)

1

Plan du travail:

Résumé:

Dans la région d'Irecê, dans le semi-aride du *Nordeste* brésilien, les politiques de modernisation de l'agriculture et d'intensification de la production menées à partir des années cinquante ont conduit, en un peu plus de trente ans, à un effondrement de la production. Jusqu'aux années 1980, la région connue comme « capitale des haricots », importait des travailleurs et exportait des grains. Aujourd'hui, les familles partent tenter leur chance plus loin ou survivent des programmes d'assistance du gouvernement. Nous analyserons ici cette évolution agricole et les principaux facteurs qui ont conduit à ce déclin soit la baisse de fertilité des sols, le manque de discernement, de la part du gouvernement, entre l'agro-business et l'agriculture familiale et enfin, la chute graduelle des prix des produits agricoles. A partir des conclusions de cette analyse, nous tenterons de montrer quelques pistes à même de mener à une re-dynamisation de l'agriculture familiale dans la région en question.

Introduction:

Après environ un demi-siècle de révolution verte et d'aide au développement, la pauvreté, la sous-alimentation, le manque de moyens techniques et de perspectives de sécurité alimentaire manquent toujours douloureusement pour la majorité de la population rurale mondiale. Aujourd'hui nous devons constater que les politiques agricoles menées jusqu'à présent dans les pays en développement sont un échec. Celles-ci ont largement contribué à la concentration des terres, l'augmentation des inégalités, et l'élargissement incontrôlé des ceintures de bidonvilles autours des principales villes. Ces politiques agricoles ont aussi mené souvent à un processus de dégradation des terres et d'épuisement des ressources qui compromet parfois le bien-être des populations restées sur place. L'objectif de cette recherche est de démontrer les effets négatifs des politiques de modernisation de l'agriculture qui ont été conduites, à partir des années cinquante, dans la région d'Irecê, région agricole du semi-aride de l'état de Bahia – Brésil. En effet, nous assistons dans la région à un boom de la production à partir des années 1950 jusqu'aux années 1980. A partir des années 1980, un terrible effondrement de la production. Quels sont les facteurs responsables d'un tel déclin? Alors qu'Irecê était reconnue comme capitale des haricots et exportait ses produits dans tout le Brésil, comment a t'elle pu perdre son statut en quelques années? Pourquoi la région doit t'elle dorénavant importer des grains d'autres régions? L'analyse de ces facteurs peuvent nous conduire à une critique constructive de la modernisation de l'agriculture telle qu'elle a été menée dans la région et, enfin, nous conduire à quelques pistes possibles pour une re-dynamisation de l'agriculture familiale dans la région.

I. Histoire du Brésil: cycles d'extractions

«Le Brésil est né avec le développement du capitalisme. Il est terre de colonisation par excellence, terrain rendu vierge par le massacre des indiens: pas de système de production autarcique, pas d'histoire agraire, pas de règles sociales d'utilisation de la terre, pas de chefs de terre, etc. De grands domaines ont été octroyés aux nobles désireux de tenter l'aventure coloniale ».

(Tonneau, Sabourin, 2010)

Il ne s'agit pas ici d'entrer dans les détails ou conter l'histoire du Brésil ce qui prendrait des centaines de millier de pages, mais d'insister sur le caractère sauvage de son passé économique: prendre, se servir, épuiser, massacrer, extraire, exploiter, lessiver sont des termes appropriés pour qualifier l'évolution socio-économique du plus grand pays d'Amérique du Sud. Le Brésil a connu plusieurs cycles d'extraction: le bois, l'or, les diamants, le sucre, le latex, le café. Son histoire et sa conquête territoriale ne se résument pas uniquement à la seule histoire des cycles économiques, mais ces derniers contribuent à nous faire mieux comprendre les fondations d'un Brésil moderne et dynamique dont les activités du secteur primaire sont primordiales. Depuis la colonisation, son développement a été commandé depuis l'extérieur, pour servir l'Occident. «La conquête sapa les bases de ces civilisations. L'implantation d'une économie minière eu des conséquences pires que le sang et le feu des guerres. Les mines exigeaient de grands déplacements de population et démembraient les communautés agricoles; non seulement elles exterminaient quantité de vies par le travail forcé mais, indirectement, elles ruinaient le système collectif de cultures»[1]. L'agriculture, à force de se déplacer et suivre les processus d'extraction miniers, a fini par prendre elle aussi un caractère minier. « Les brûlis, qui ouvraient les terres aux plantations de canne, dévastèrent la vie végétale et animale (...) Le tapis végétal, la flore et la faune, furent sacrifiés, sur les autels de la monoculture, à la canne à sucre. La culture extensive épuisa rapidement les sols »[2]. Extraire et produire le plus rapidement possible, le plus possible. Ensuite se déplacer. Et recommencer. La notion d'attachement à une terre, le désir de prendre soin d'un territoire est, aujourd'hui encore, à peine naissant. Ainsi, depuis longtemps, pour produire plus, le paysan défriche, déboise et contribue, sans en être conscient, à la désertification de son milieu naturel.

Autre trait fondamental qui a marqué la conscience collective des populations depuis l'époque coloniale est la taille du pays et ses richesses dîtes «inépuisables». Dans l'inconscient collectif, le Brésil est infini, le territoire abondant à outrance. Lorsqu'une région est épuisée des richesses nécessaire à la survie d'un groupe, celui-ci migre, avance, s'enfonce dans le territoire infini.

La concentration des terres et des richesses dans les mains d'une minorité et le caractère excentré de l'économie (exportations de matières brutes et importations de produits manufacturés) ont freiné le développement du *Nordeste*. En effet, jusqu'à l'aube du XX siècle, le Brésil n'a pas le droit de transformer ses matières premières. L'arrivée massive d'esclaves importés d'Afrique pour travailler dans les plantations de cane à sucre sur la côte a contribué à repousser, petit à petit, une large part de la nouvelle population brésilienne vers l'intérieur des terres, vers la partie semi-aride du grand nord-est. Toutefois, l'installation des populations dans le *Sertão* (semi-aride brésilien) et leur intégration économique reste complètement instable. Les populations migrent toujours à la recherche d'un eldorado. Le climat sec et la végétation rabougrie du *Sertão* ne facilite pas l'installation des populations même si celles-ci y ont accès plus facile à la terre. « L'incertitude climatique rend aléatoire toute activité agricole, pratiquée dans la plupart des cas, pour subvenir aux besoins de

---

1   Eduardo Galeano, 1993, p. 64
2   Galeano, 1971, p. 88-89

consommation »[3].

Ainsi, l'habitant du *Sertão* acquiert lui aussi très tôt ce réflexe de la migration. A cause des aléas climatiques et de l'instabilité socio-économique, le *sertanejo* partira tantôt pour l'Amazonie travailler dans le caoutchouc, tantôt vers le sud dans le café et va aussi largement participer à la construction de São Paulo et Rio de Janeiro.

Ce qui va amener à l'installation des populations dans la région d'Irecê vers 1900, région qui fait l'objet de cette recherche, est aussi un processus migratoire: «Une sécheresse prolongée qui a frappé le *Sertão* de Bahia à la fin du 19ème siècle a contribué au peuplement de la région d'Irecê. Ainsi plusieurs familles ont migré de la Municipalité de Macaúbas vers d'autres territoires. La fertilité des terres ainsi que la présence d'une nappe phréatique souterraine vers Irecê a permis de bonnes récoltes de maïs, haricots noirs et coton (ma traduction)»[4].

Autres faits intéressants, deux régions situées à une centaine de kilomètres d'Irecê, soit Morro de Chapéu et Gentio de Ouro, ont connu, à la fin du 19ème siècle, une fantastique ruée vers l'or. Au début du 20ème siècle, une fois que les mines avaient donné ce qu'elles pouvaient donné, et qu'elles se sont trouvées abandonnées, les populations ont rejoint la région d'Irecê, riche en terres vierges fertiles.

II. Irecê, capitale des haricots!
2.1) Caractéristiques de la région
« Avec plus de 50 millions d'habitants, soit 28% de la population pour 12 % du territoire national, le *Nordeste* brésilien, vaste steppe appelée *Sertão* est une des zones semi-aride les plus peuplée du monde »[5].

La région d'Irecê située dans le *Sertão*, s'étend sur 26.730 km2, ce qui représente 4,6% de la superficie de l'État de Bahia. Elle est composée de 20 municipalités. La population du territoire était de 372'994 individus en 2000 sur 13 millions d'individus pour l'État. Irecê se trouve à 100km du mythique fleuve São Francisco et à environ 480km de la capitale Salvador de Bahia.

Cette région est située dans la zone semi-aride du *Nordeste* brésilien et son écosystème est la

---

3 Caron, P et Eric Sabourin, 2001, p. 25
4 Bastos Flavio, 2006, p. 12
5 Courcoux, 2009

Caatinga[6]. La moyenne des précipitations varient entre 400 et 800mm par année concentrés en quelques mois à peine. Une caractéristique des précipitations de la région est leur forte irrégularité ce qui complique d'autant plus la vie de l'agriculteur. Les « sécheresses vertes », périodes de sécheresse en pleine saison des pluies qui peuvent s'étaler sur 5-6 semaines, sont cauchemardesques pour les producteurs locaux.

Jusqu'aux années 1940, le territoire abrite une faible densité de population composée essentiellement de petits producteurs isolés pratiquant l'élevage et une agriculture de subsistance caractérisée par la diversité: maïs, manioc, fèves, patate douce, citrouille, pastèque, ricin, coton.

Dès les années 1950, avec l'augmentation des crédits agricoles et investissements du gouvernement fédéral pour moderniser l'agriculture dans la région, nous observons une concentration des terres faible. La densité de population est faible et l'espace ne manque pas. « La distribution des établissements et l'occupation des terres dans la région d'Irecê est la conséquence du modèle d'exploitation du sol ces dernières dizaines d'années, reproduisant un modèle polarisé entre les très grandes propriétés et les petites. Avec toutefois une très grande proportion de petites exploitation. En 1985, 63% des exploitations ont moins de 10 hectares (ma traduction) »[7]. En 1985, la région d'Irecê présente un indice GINI de possession des terres inférieur à celui de l'État: 0,81 pour l'État de Bahia contre 0,77 pour la région d'Irecê.

Au niveau socio-économique, alors que le développement du pays s'accélère rapidement dans le sud et sur la côte, la région du semi-aride peine à se moderniser. Le *Sertão* demeure, encore aujourd'hui, la région la plus pauvre, la plus exclue et laissée-pour-compte du Brésil. En 2000, 45,5% des domiciles dans la région d'Irecê sont dans une situation de "vulnérabilité sociale": c'est à dire avec des responsables pour le domicile qui ont moins de 4 ans d'études, dont le revenu est d'un salaire minimum ou qui vivent dans un logement qui a un système d'évacuation des eaux usées inadéquat (Bastos, 2006).

D'après les statistiques de l'État de Bahia, la grande région de Salvador (capitale de l'État) concentre 48,2% du PIB de l'État alors que la région d'Irecê, avant dernière parmi les 15 territoires, représente 1,3% du PIB.

---

6 (Caatinga signifie forêt blanche dans la langue originelle Tupi. Durant la saison sèche, les arbres perdent leurs feuilles et ont prennent ainsi une apparence blanche)

7 Costa, 2004, p. 91

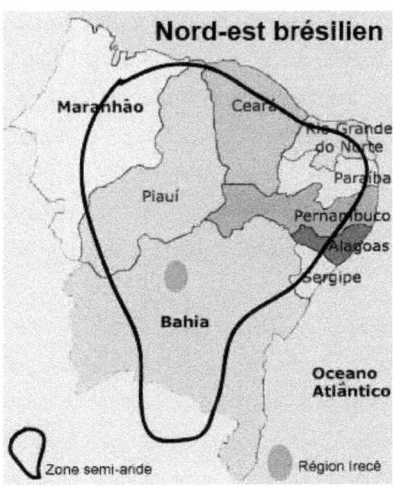

2.2) Le boom économique

Grâce aux investissements du gouvernement fédéral à partir des années cinquante, la région d'Irecê sort de l'ombre et passe de région totalement insignifiante sur la scène nationale à « *Capital do feijão* » (capitale des haricots). La région d'Irecê devient le deuxième centre de production du *feijão* au Brésil. « Le territoire d'Irecê rentre sur la scène nationale brésilienne à partir des années 1970 et reçoit le titre de capitale du *feijão*. Le "boom" du *feijão* coïncide avec ce que nous appelons communément de "miracle brésilien" mis en place par le gouvernement militaire »[8].

Vers la fin des années 1950, le gouvernement construit une route qui relie Irecê à la capitale de l'État, qui s'appelle « Estrada do feijão » ou la route des haricots!

« A partir des années 1950, les autorités gouvernementales ont découvert les potentialités économiques de la région sub-médio São Francisco, et ont commencé à investir, de façon permanente, tant dans les infrastructures (surtout dans les secteurs du transport, de la communication et de l'énergie) que dans des projets publics d'irrigation »[9] Ou encore, « Pendant les années 1950, l'existence de terres agricoles dans la région d'Irecê a attiré l'intérêt des organes de crédit officiels (publics) pour financer une production commerciales des biens (ma traduction) »[10].

---

8   Félix dos Santos, 2008, p. 23
9   Tonneau, Rocha Barros, 2010, p. 1
10 Costa, 2004, p. 49

Ainsi, les institutions publiques de recherche et de développement, mises en place dans les années 1950-1960, ont été conçues comme des instruments de la politique de modernisation qui visait à promouvoir l'industrialisation de l'agriculture à travers l'irrigation et la mécanisation et en appliquant le modèle de la révolution verte caractérisé par la sélection des variétés et l'utilisation intensive d'engrais et de pesticides. « L'intervention de l'État reste forte, à travers la CODEVASF (Compagnie de développement de la vallée du São Francisco) et d'un important dispositif d'encadrement pour le crédit, l'assistance technique et la promotion de techniques modernes »[11].

A l'époque, le gouvernement brésilien cherche à résoudre, par des efforts de modernisation de l'agriculture, quelques problèmes précis. D'une part, la population passe de 41 millions d'habitants en 1940 à 70 millions en 1970 (Chonchol, 1986, p.160). Le gouvernement en place est aussi confronté avec la dette externe. « As a consequence, the present government has placed upon agriculture a heavy responsability for helping to dampen inflation through the expansion of domestic food production ; and to alleviate the balance of payments constraints on overall growth, both by increasing exports and by reducing the economy's dependance on petroleum"[12]. Enfin, partout en Amérique Latine y compris au Brésil, les États désirent financer l'industrialisation par les profits dégagés par l'agriculture.

«Entre 1970 et 1980, la dette de l'Amérique latine a augmenté de 27 milliards à 231'000 milliards de dollars, ce qui impliquait le paiement de 18 milliards de dollars d'intérêts. Afin de générer les devises nécessaires au remboursement, les pays emprunteurs donnent la priorité à la modernisation des filières d'extraction des ressources naturelles (minerais, pétrole, gaz, etc.) et de l'agriculture de rente (café, cacao, arachide, sucre, etc.) »[13].

Ainsi, la région d'Irecê comme beaucoup d'autres régions dans le pays, a connu, à partir des années cinquante, un boom économique. « Dans les années 50, entre autres facteurs observés, la construction de la route Ipirá – Xique-Xique, a donné à la région d'Irecê une nouvelle perspective de croissance, basée sur la production agricole, l'augmentation de la population, de la circulation des marchandises qui a provoqué également des changements dans la configuration de l'espace, la ville d'Irecê devenant ainsi centre du commerce et des services de la région »[14].

Cette croissance de la production dans la région d'Irecê s'illustre par quelques données plus

11 Tonneau, Rocha Barros, 2010, p. 1
12 Levy, 1982, p. 3
13 Alier, 2002, p. 13
14 Costa, 2004, p. 89.

précises:

2.2.1) Multiplication des crédits

Directement en provenance du gouvernement fédéral, les crédits massifs octroyés aux agriculteurs à partir des années 50 vont transformer la région. Ces projets « développementalistes » introduisent la mécanisation et techniques agricoles modernes. Le premier organe du gouvernement à s'installer dans la région est le Secrétariat d'agriculture de l'État de Bahia, qui apporte des tracteurs qui peuvent être loués par les producteurs. Très vite, ce Secrétariat avec la Compagnie de développement de la vallée du fleuve São Francisco (CODEVASF), les deux assistés par les services des banques d'État Banque du Brésil, Banque du Nordeste et Banque de Bahia, montent l'Opération Irecê qui vise à intensifier le développement agricole de la région (Félix dos Santos, 2008, p. 19). A la fin des années cinquante, ces trois banques ont des bureaux à Irecê.

A partir de 1959, la SUDENE – Haute instance pour le développement du *Nordeste* - s'installe dans la région, également avec l'objectif de moderniser l'agriculture traditionnelle. A ce moment là, les crédits s'intensifient ce qui provoque les conséquences suivantes; la ville d'Irecê devient pôle de commercialisation; nous assistons à une plus grande intégration de l'économie de la région avec le reste de l'État et du pays; production intensifiée et mécanisée des cultures de maïs, haricots et ricin; début de la culture de produits irrigués tels que carottes, betteraves et oignons; processus d'endettement des petits producteurs, polarisation et concentration des terres dans les mains des plus gros et ainsi prolétarisation des travailleurs de la région (Félix dos Santos, 2008, p. 21).

Bientôt un autre organe gouvernemental fait son entrée dans la région, avec la même mission d'encourager la production par l'assistance technique et le crédit. Il s'agit de l'Entreprise d'Assistance Technique et d'Extension Rurale de Bahia (Embater-Ba) qui s'installe à Irecê en 1971. Cette structure offre une assistance technique basée sur le modèle de la révolution verte et, en quelque sorte, reproduit des modèles exogènes et les applique dans la région: irrigation, mécanisation, sélection d'espèces à haut rendement, etc. En février 1975 débute le *Polonordeste* dans l'État de Bahia, caractérisé par le Projet de Développement Rural Intégré (PDRI) qui a comme principaux objectifs d'augmenter la productivité et les revenus et de créer des emplois dans le domaine. Ce programme multiplie les financements pour l'électrification, la recherche et l'assistance technique pour la production intensive du *feijão*.

« Au début des années 1970, l'Entreprise brésilienne de recherche agricole (Embrapa) va conforter ce mouvement d'intensification. La spécialisation et le développement de la monoculture,

10

l'augmentation de la taille des unités de production, l' "artificialisation" de la nature par le développement de l'irrigation et par la plantation de pâturages sont les voies de cette intensification »[15].

Nous verrons cela plus en détail par la suite en analysant les conséquences de ces programmes de financement de l'agriculture sur la région d'Irecê mais voici quelques éléments qui caractérisent ces programmes: ils ont tendance à être prévus et mis en place du haut vers le bas. Il s'agit de programmes ou « paquets technologiques » qui arrivent déjà tout prêts. Ainsi, autre caractéristique qui découle de cette première, ces programmes sont souvent exogènes au système. Il s'agit de paquets technologiques qui ont été appliqués dans d'autres régions et qui sont dorénavant appliqués à la région semi-aride, région, nous le savons, très particulière en termes de climat et vulnérable en termes de sols.

2.2.2) Augmentation de la superficie cultivée et de la production

Peu de données existent malheureusement pour chiffrer l'évolution de cette production agricole de la région avant 1980. Il ne faut pas oublier que 1984 marque le passage du gouvernement militaire à un gouvernement démocratique. Les transformations en terme de gestion, organes, archives, etc, ont été importants. Une quantité non-négligeable de données se sont alors perdues. Toutefois, ces quelques chiffres illustrent notre propos:

Propriétés dans la région d'Irecê (en hectares)	1950	1960	1970	1975
- de 10 hectares	5	509	3'401	6'608
10-20 hectares	4'859	6'117	11'425	9'361
20-50	8'454	22'589	37'858	31'046
50-100	5'752	26'111	40'232	34'377
100-200	6'113	32'679	50'694	47'015
200-500	10'914	61'197	59'711	76'155
500-1000	3'788	20'207	21'011	24'346
+ de 1000	5'139	17'687	14'023	17'299
TOTAL	47'561	189'764	245'396	246'930

Source: *Censo agropecuário – Bahia, 1975*

« L'ouverture de cette région dans les années 1940 s'est d'abord faite à travers la création de petites

---

15 Tonneau, Sabourin, 2010, p. 3

propriétés agricoles et grandes surfaces extensives pour l'élevage. Cela a favorisé les conditions pour une production agricole dans des petites poches de bonne fertilité formant un système de production combinant élevage et production agricole diversifiée (...). A partir des années 50, le numéro de propriétés de plus de 50 hectares augmente considérablement. En dix ans, les propriétés de plus de 50 hectares passent de 14% à 34% des propriétés (...) Les crédits octroyés aux agriculteurs dans les années 1970 ont favorisé encore plus les propriétés de plus de 50 hectares » [16].

D'autres éléments peuvent alimenter notre réflexion sur les superficies accordées à l'agriculture:

- D'une part, le taux de déforestation dans la région. La région, qui était peu peuplée jusqu'aux années 1950 et donc qui était intacte ou presque au niveau géo-physique, a perdu ses forêts presque intégralement en 50 ans. « La région, ne dispose plus de la réserve minimum légale établie par la Loi en vigueur, qui préconise la préservation de 20% de forêts dans les aires agricoles » (ma traduction)[17]. Selon une recherche menée en 2002 par des étudiants de l'Université de l'État de Bahia (UNEB), il restait en l'an 2000 à peine 3% de *Caatinga* (forêt) dans la région (Institut de Permaculture en Terres Sèches).

- En 1980 la région produit encore 77'000 tonnes de haricots et 100'000 tonnes de maïs, quantités non négligeables.

2.2.3) Immigration

A partir des années 50 jusqu'aux années 1980, la région d'Irecê a non seulement vu sa population augmenter considérablement mais a surtout connu l'immigration, fait quasiment unique dans le *Sertão* brésilien à cette époque. « La municipalité d'Irecê reçoit, à partir de 1958, un flux de migrants qui viennent d'autres régions du *Nordeste* pour travailler comme main d'œuvre dans les plantations (ma traduction)» [18]. Une thèse a été rédigée récemment, par une certaine Marilva Batista Cavalcante, sur les flux migratoires de l'État de Paraiba vers Irecê dans les années 1950-1970. Selon les témoignages recueillis, ces migrants étaient tous à la recherche d'une vie meilleur. Ils espéraient, si ce n'est une terre et un crédit, au moins du travail. Cela laisse a penser qu'Irecê a été une sorte d'eldorado ou terre promise où des gens venaient de très loin chercher une vie plus digne.

2.2.4) Changement de la structure du travail et début de l'urbanisation

16 Wilkinson, 2008
17 Costa, 2004, p. 41
18 Costa, 2004, p. 50

Avec ces investissement et ce virage technologique, la structure du travail change. D'un côté les exploitations sont de moins en moins nombreuses, de plus en plus grandes et de plus en plus mécanisées. En conséquences, nombreux sont les agriculteurs et agricultrices qui doivent dorénavant diversifier leurs activités productrices de revenus. « Ce modèle productiviste moderne-industriel fait apparaître une nouvelle division du travail rural dans laquelle nous constatons une diminution de la main d'oeuvre agricole et une augmentation des activités non-agricoles en milieu rural. Cela correspond à l'apparition des *part-time* farmers. Les agriculteurs deviennent des individus pluri-actifs »[19]. La modernisation de l'agriculture a modifié la structure du travail mais a modifié, beaucoup plus largement, la structure de la société puisque le phénomène marque le début ou l'intensification de l'urbanisation. A ce titre, il est bien de rappeler qu'au Brésil en 1960, 44,7% de la population vit en ville. En l'an 2000, 90% des brésiliens vivent à la ville.

Dans la région d'Irecê les chiffres montrent aussi un processus d'urbanisation. En 1970, 30% des habitants vivent à la ville. 30 ans plus tard 60% d'entre eux sont à la ville.

III. Après le boom, l'effondrement

« La population rurale vit d'une agriculture de subsistance traditionnelle pluviale, consacrée principalement au haricot et au maïs. Mais ces deux cultures majeures ont vu leur production dramatiquement chuter dans les années 1980-1990, entraînant famines chroniques et exode rural »[20].

Comme nous l'avons vu précédemment, à partir du milieu du 20ème siècle, l'État brésilien commence à investir massivement dans l'agriculture et tente de moderniser les campagnes à travers l'octroi de crédits aux paysans locaux. Le modèle choisi est celui qui a si bien fonctionné en Europe et en Amérique du Nord. Le même qui a permis à ces Nations de sortir une grande partie de la population des campagnes pour permettre l'industrialisation: l'intensification par la mécanisation, la sélection d'espèces et le contrôle chimique du sol.

Et dans le cas d'Irecê, nous avons vu que la région connait effectivement un boom économique et social: immigration et augmentation de la production jusqu'à devenir presque le grenier du *Nordeste*. Dans tout le Brésil, Irecê est connue pour ses fèves. La capitale de l'État, Salvador, est alimentée en partie par Irecê: « Selon une étude réalisée par le Centre bahianais de ravitaillement alimentaire, en 1973, Irecê fournit 34% des fèves consommées à Salvador »[21].

---

19 Schmitz, 2003
20 Courcoux, 2009
21 Wilkinson, 2008

En quelques années, Irecê a perdu son titre de capitale des haricots. Le système mis en place était pourtant prometteur. Que s'est-il donc passé pour en arriver à un effondrement de la production? Dans un premier temps il s'agit ici de démontrer et documenter cette chute de la production. Dans un deuxième temps, analyser les facteurs qui ont pu conduire à cette situation.

Dans un article de 2009 sur l'agriculture familiale et le développement territorial au Brésil, J-P Tonneau et E. Sabourin analyse cette « fracture » de la production agricole dans le *Nordeste*: « En dehors de la production irriguée de la Vallée du Sao Francisco, de quelques bassins laitiers et des ceintures vertes des grandes agglomérations, l'agriculture *nordestine* est peu compétitive. Elle a connu son apogée à la fin des années 80. Depuis les indices sont décroissants. La situation est encore plus sérieuse dans le semi-aride »[22]. La littérature sur l'évolution de l'agriculture dans la région d'Irecê est également pleine de références à cet effondrement. Flavio Bastos, dans son analyse socio-historique du Territoire d'Irecê: «Dès les années 1990, nous vérifions le déclin de la production agricole (basée sur l'assemblage maïs-fèves-ricin) en fonction de problèmes comme la perte de récoltes, les oscillations des prix, et surtout, la réduction des services du gouvernement (crédits et assistance) ». Ou encore, dans une autre thèse sur la région à l'étude: «De l'analyse comparative entre l'agriculture et l'élevage, l'agriculture est la forme d'exploitation qui présente la chute la plus impressionnante. En 1995, la production représente 25% de la production de 1980 (ma traduction) »[23].

Lorsque l'on tape *feijão – Irecê* dans Google, le quatrième lien qui apparaît s'appelle « Irecê a perdu le titre de capitale des fèves ».

Pour démontrer ce déclin plus en détail, voici quelques éléments concrets et chiffrés:

3.1) Déclin de la production

Alex, 34 ans, travaille avec l'irrigation: *«Je me rappelle quand j'avais 10 ans, la production de ricin était incroyable. Les gens n'arrivaient pas au bout de la cueillette tellement y'en avait. Aujourd'hui y a plus rien, rien du tout, c'est fini »*.

Voir aussi, en annexe, le questionnaire qui a été utilisé lors des entrevues (page 57) et la présentation des interviewés (page 58)

22 Sabourin, E et J-P Tonneau, 2009, p. 5
23 Costa, 2004, p. 103

Comme cela a été mentionné déjà, les chiffres sur la production agricole dans la région d'Irecê avant 1980 manquent. Mais les chiffres qui concernent la période 1980-1995 sont éloquents:

	Surface (ha)			Production (T)		
	1980	1995	Rapport	1980	1995	Rapport
Fèves	172'765	151'278	-14.2	77'536	27'393	-183,05
Maïs	168'938	39'919	-323,20	105'982	7'441	-1'324,30
Ricin	73'607	34'835	-111,30	25'800	5'851	-340,95
TOTAL	415'310	226'032	-83,74	209'318	40'685	-414,48

(Source: IBGE, statistiques agricoles 1980-1995)

Dans ce tableau, il est maintenant bien clair que à partir des années 1980, la région d'Irecê connaît un déclin important de ses principales cultures. Si l'on analyse de plus près ces chiffres, on se rend compte que le déclin de la production est supérieur à la réduction en terme de surfaces labourées. Cela signifie que la production par hectare ou productivité s'est grandement dégradée. Voici, les chiffres en production par hectare:

	Rendement Tonnes/ha	
	1980	1995
Fèves	0,44	0,18
Maïs	0,62	0,18
Ricin	0,35	0,17

(Source: IBGE, statistiques agricoles 1980-1995)

On remarque aussi, en étudiant les statistiques de la région, qu'à partir de 1980, on assiste à un léger virage de l'agriculture vers l'élevage. Ainsi, en 1980, 791'358 hectares sont utilisés pour la culture en terres pour 503'568 ha en 1995. Parallèlement, en 1980, 7,5% des propriétaires pratiquent l'élevage alors qu'en 1995, ils sont 17,70%. Il y a donc une recherche évidente d'alternatives et sources de revenus en milieu rural (Source: IBGE, statistiques agricoles 1980-1995).

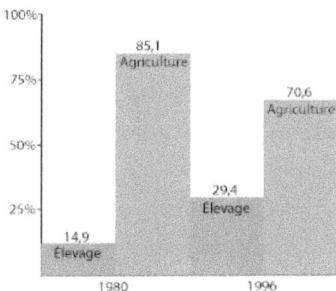

Onias, 73 ans, agriculteur de la région. A bénéficié de crédits pour planter maïs – fèves – ricin. *«J'ai déjà produit beaucoup. Aujourd'hui, ca ne donne plus rien. On plantait des fèves, on vendait une partie, on en consommait une autre et on gardait toujours quelques sacs pour planter l'année suivante. Ca été bon pour les fèves jusqu'à la fin des années 80. Depuis 1990 c'est très compliqué».*

Voir aussi, en annexe, le questionnaire qui a été utilisé lors des entrevues (page 57) et la présentation des interviewés (page 58)

Olga, 67 ans, agricultrice, d'une familles d'agriculteurs: *«Mon père a travaillé avec ces programmes du gouvernement. Les banques sont arrivées et la terre produisait bien. On a gagné de l'argent. J'ai moi-même travaillé avec les banques pendant plusieurs années ici à São-Gabriel. Ensuite j'ai arrêté parce que ca devenait trop dangereux, y avait toujours le risque de ne pas pouvoir rembourser. Je ne voulais surtout pas laisser de dettes à mes enfants! »*

3.2) Émigration

« Peu de Brésiliens n'ont pas fait dans leur vie, au moins une étape migratoire. Ce n'est pas exagéré d'affirmer que la migration fait partie de la culture brésilienne et qu'elle est profondément présente comme possibilité dans le plan de vie de chaque citoyen. Pour beaucoup, la migration est la seule opportunité de mobilité sociale offerte par la société. Sortir de sa municipalité, parcourir de la distance à la recherche d'une vie meilleur, pas toujours réussie, fait partie du destin »[24].

Un autre chiffre qui vient appuyer ce déclin agricole est l'émigration. Alors que la région a connu une vague d'immigration à partir des années 50, malgré la mécanisation de l'agriculture, les années qui suivent 1980 marquent une vague d'émigration de deux types: d'une part des familles migrent vers les grands centres urbains et, d'autres part, les jeunes hommes partent à la recherche de travail et deviennent main d'oeuvre bon marché dans les champs de cane à sucre.

---

24 Brito, 2002, p. 1

Une des destinations de cette population d'Irecê en quête d'activité est Barreiras à l'ouest de l'État de Bahia: « D'abord les brésiliens du sud se sont fixés dans la région à partir de la fin des années 1970 à mesure que la région de Barreiras recevait les investissement du gouvernement. Ils ont été les principaux entrepreneurs dans la région, ils avaient les plus grandes propriétés. Le deuxième flux migratoire sont les *nordestinos,* surtout venus d'Irecê, attirés par la région surnommée nouvel eldorado du soja (ma traduction) »[25]. La ville de Barreiras, qui avait 20.000 habitants en 1970, en avait 113.000 en 1996. Elle a connu également un boom et a reçu des migrants y compris d'Irecê à partir des années 80, alors que Irecê connaissait le début de son effondrement de l'agriculture.

Selon Bastos dans son analyse du Territoire d'Irecê, la population rurale du territoire d'Irecê, entre 1986 et 1996, a démontré un taux de croissance négatif de 2,37%. Cela inclut toutes les formes de migrations de la campagne vers la ville d'Irecê, vers d'autres villes ou, éventuellement, vers d'autres campagnes éloignées.

> Rone, 28 ans, agriculteur: *« Beaucoup d'individus quittent la région, l'exode est élevée. Les gens partent à la recherche de travail à Minas Gerais ou São Paulo. Cela n'est pas bon parce que ca détruit les liens familiaux. D'autre part, il s'agit très souvent de travail temporaire. Les gens travaillent 2-3 mois dans un endroit puis s'en vont. Cela dépend de la saison ».*

On pourrait aussi analyser l'augmentation et la diversification des activités non agricoles génératrices de revenus. Cependant les chiffres pour une telle analyse semblent manquer. Mais il est clair qu'en même temps que l'agriculture s'effondre, les secteurs secondaires et tertiaires gagnent en importance. Cela va de pair avec l'urbanisation.

3.3) Dépendance des familles aux aides de l'état

Malgré les tentatives de l'État pour dynamiser l'agriculture dans cette région étudiée, la pauvreté subsiste et la dépendance des familles aux aides de l'État a dangereusement augmenté. Paradoxalement, nous avons assister dans plusieurs régions du *Sertão* brésilien, y compris la région qui nous intéresse, à un déclin de la productivité mais une amélioration des conditions de vie des populations rurales. Certains spécialistes parlent alors « d'économie sans production » (Katz et Lima, 1993). En 2000, 58% des familles de la région d'Irecê vivent sous la ligne de pauvreté de 2,00 US$ par jour. Dans la région d'Irecê en 2000, 66,2% des hommes de plus de 60 ans étaient responsable pour le domicile familial (Bastos, 2006).

---

25 Dos Santos Filho, 2008, p. 6

« L'agriculture familiale est partiellement sécurisée par le système des retraites et les bourses éducation ou familles. La retraite rurale garantit l'équivalent du salaire minimum (un peu plus de 60 euros par mois) aux exploitants à partir de 55 ans. Dans la tradition *nordestine*, cette manne consolide les budgets de l'ensemble de la maisonnée. Les jours de paiement de la retraite, le chiffre d'affaires du commerce local représente 60 % du chiffre d'affaires mensuel.Dans une moindre mesure, les bourses éducation ou familles participent jusqu'à hauteur de 30 à 60% du budget familial »[26].

Donc pour résumer nous démontrons ici l'échec de la modernisation de l'agriculture familiale dans la région d'Irecê. Les agriculteurs n'ont pas gagné leur autonomie et ne parviennent pas à vivre de cette activité. Nous sommes dans une situation délicate dans laquelle les agriculteurs ne peuvent plus vivre de l'agriculture ni nourrir leur famille de leurs activités sur la terre. Les grandes villes sont déjà saturées. Et la transition économique vers les secteurs secondaires et tertiaires tarde. Dans les campagnes, les problèmes liés à cette crise d'identité et d'auto-estime ainsi que les effets de l'assistanat se font sentir: oisiveté, sentiment d'exclusion et d'insatisfaction, délinquance juvénile, alcoolisme, etc.

> Rone, 28 ans: « *Dans notre région, les familles vivent essentiellement des retraites. Ainsi, les plus vieux entretiennent les enfants, petits-enfants...Une autre source de revenu est la bourse famille qui garantit aussi la survie des familles. Cela n'est pas forcément idéal parce que certains s'en contentent. L'agriculture familiale, depuis quelques années, souffrent de grandes pertes* ».

IV. Quelles sont les causes de cet effondrement de l'agriculture familiale à partir des années 1980?

Nous arrivons au coeur de cette analyse. Il s'agira, dans ces prochaines pages, d'essayer de comprendre ce qui a pu provoquer une telle débâcle après les années 1980-1990. Pour mener à bien cette réflexion, trois pistes seront privilégiées et étudiées. En premier lieu, ce travail démontrera que les techniques et orientations des organes du gouvernement étaient inappropriés et ont provoqués une perte de fertilité des sols en plus de plusieurs autres problèmes écologiques. Ensuite, les fonds investis par le gouvernement, n'ont pas fait la promotion de l'agriculture familiale en tant qu'agriculture familiale mais ont placé celle-ci dans une situation de compétition avec les grands producteurs. Enfin, à partir des années 1980, au Brésil et ailleurs, nous assistons à une dégringolade impressionnante des prix des produits issus de l'agriculture.

---

26 Tonneau, Sabourin, 2009, p. 6

4.1) Brève analyse de l'agriculture familiale. A quoi faisons-nous référence? Comment se définit-elle?

Le Brésil est une grande puissance agricole. Comme écrivent Sabourin et Tonneau dans leur article de 2009, « l'objectif des années 1970 a été atteint ». En 2007, la production dépasse 130 millions de tonnes de grains. En 2005, alors que la valeur de la production agricole avoisine les 165 milliards de dollars, le secteur agro-alimentaire répond pour 33% du Produit intérieur brut (PIB), 42% des exportations totales et 37% des emplois.

Toutefois, une grande partie de la population rurale ne participe pas à ce scénario décrit ci-dessus et reste largement exclue de ces niveaux de productions. Il s'agit de l'agriculture familiale. Et l'agriculture familiale en zone semi-aride reste encore plus marginale. Cet aspect important « à deux vitesses » sera étudié plus en avant dans ce travail.

Dans un article, l'agriculteur familial est défini comme celui « dont l'activité s'appuie sur la main-d'oeuvre familiale (avec au maximum deux employés permanents) et dont la source de revenu de source agricole atteint au moins 80% du revenu de la propriété et dont le revenu brut annuel ne dépasse pas 25'000 reais »[27].

En 1995, les agriculteurs familiaux représentaient 85,2% du total des entreprises rurales, occupaient 30,5% de la superficie rurale du pays et étaient responsables pour 37,9% de la valeur brute de la production agricole. Toutefois, ceux-ci recevaient cette année-là, seulement 25,3% des financements pour l'agriculture.

	Exploitation	%	Superficie	%	Valeur de la production	%
Agriculture familiale	4'367'902	84,4	80'250'453	24,3	54'367'701	37,8
Autres	807'587	15,6	249'690'940	75,7	89'453'608	62,2
TOTAL	5'175'489	100	329'941'393	100	143'821'309	100

IBGE, recensement agricole de 2006

Ces chiffres nous enseignent principalement deux choses: d'une part il est vrai que l'agriculture familiale n'occupe que le quart de la superficie occupée par des exploitations agricoles dans le pays. Par contre, en termes de numéros d'exploitations (donc de travailleurs) et en terme de production,

---

27Abramovay et Piketty, 2005

19

cette activité est responsable tout de même pour 40% de la valeur agricole globale. Une donnée qui ne nous est pas donnée dans ce tableau est que l'agriculture intensive et industrielle exporte majoritairement ses produits et l'agriculture familiale, elle, fournit les aliments pour le marché interne.

4.2) Agriculture minière

« Pour produire plus, le paysan défriche, déboise et contribue, sans en être conscient, à la désertification de son milieu naturel »[28].

Comme nous l'avons vu dans la première partie de ce travail, comprenant le potentiel agricole de la région en questions à partir des années 1950, le gouvernement fédéral libère massivement des crédits aux agriculteurs pour la production intensive surtout des fèves, du maïs et du ricin. Une assistance technique d'organes compétents accompagne ces crédits. Il s'agit de « paquets techniques » mis en place du haut vers le bas, et souvent inappropriés à la réalité semi-aride de la région.

Tout d'abord, il semblerait, selon la littérature parcourue, qu'il n y a jamais eu de réelle participation des agriculteurs dans les décisions qui les concernaient. « Ce manque de participation des producteurs de la région d'Irecê est devenu un problème. Celle-ci permet aux exclus de se manifester, faire-part de leurs intérêts et proposer les solutions qui pourraient les renforcer alors que trop de fois, les décideurs et planificateurs, ignorent totalement les intérêts et besoins de la société civile »[29]. Ou encore, analysant les actions de la CODEVASF en particulier: « Les travaux de la thèse de Barros ont montré que les agriculteurs familiaux, dans leur grande majorité, ont été incapables de s'adapter. Les pratiques paternalistes et clientèlistes de la CODEVASF et son incapacité à analyser et à prendre en compte la diversité des acteurs y sont pour beaucoup. Le modèle de production des agriculteurs familiaux copié sur celui des entreprises et tourné vers l'exportation est vulnérable »[30].

Donc, une inadéquation entre les besoins réels des populations sur place et les programmes d'assistance. Nous verrons cela plus tard, lorsque nous analyserons la dualité de l'agriculture au Brésil. Mais tout d'abord, attardons-nous aux conséquences environnementales de ces pratiques inappropriés: « A partir des années 1950, le gouvernement fédéral investit pour la modernisation et

---

28 Rabhi, 2008, p. 36
29 Novaes, 2007, p. 60-61
30 Tonneau et Barros, 2010

20

la mécanisation. Conséquemment, entre les années 1960 et 1980, la production a beaucoup augmenté, en même temps que la déforestation. Les producteurs ont joui de sols encore riches en éléments nutritifs et matière organique »[31].

Cette constatation explique le boom de la production. Effectivement, les producteurs qui pratiquaient la déforestation pour planter profitaient de sols de bonne qualité où la matière organique s'était accumulée pendant des siècles. « La déforestation des *(forêt locale)* pratiquée à grande échelle pendant les années 1960 pour l'introduction des techniques issues de la révolution verte, a eu de gros impacts sur l'écosystème sur le long terme »[32].

Selon des données de la Compagnie de développement et action régionale (CAR) de 2001, la dégradation environnementale touche 78% des sols de la région d'Irecê. Comme nous l'avons déjà dit, dans la région, le taux de déforestation légal à été dépassé.

> Palito, 71 ans, agriculteur de la région. A eu beaucoup de terres, a beaucoup produit à une certaine époque. A tout perdu: *«La dégradation dans la région est terrifiante. J'appellerais cela un manque de respect profond de l'Homme contre la nature. Et je fais, moi-même, partie de ceux qui ont déboisé pour l'agriculture. J'ai eu jusqu'à 2200 hectares de terres dont au moins 2000 hectares que j'ai déboisé moi-même par le feu. Ce programme pro-feijão nous a encourager à cela. Les banques donnaient de l'argent pour qu'on déboise et on devait alors planter des fèves pendant trois ans ».*

Mais le plus préoccupant pour notre recherche n'est pas tant le cadre environnemental global de la région mais la façon dont les sols voués à l'agriculture ont été traités. Il s'agit de ce que l'on pourrait appeler une "agriculture minière": alors que le producteur dispose d'un stock de matière fertilisante naturelle dans le sol, à cause de pratiques intensives non respectueuses, celui-ci ne rend pas au sol ses capacités après production. Il s'agit d'une extraction au sens propre du terme. Nous savons que de telles pratiques, peu importe dans quel contexte, mènent forcément à un appauvrissement des sols ou une perte de fertilité. Une étude réalisée dans les pays sahéliens a démontré: « Il s'avère qu'à la première année de défriche, les sols perdent le tiers de leur stock organique. Ils en perdent la moitié en 4 à 5 ans de cultures. Au delà, la diminution devient plus lente. Les teneurs en éléments nutritifs, azote et phosphore, suivent rigoureusement la même évolution que celle de la matière organique. La capacité des sols à retenir les éléments nutritifs diminue aussi et une évolution vers l'acidification s'amorce. Parallèlement à cela, le sol devient plus instable en surface ; l'effondrement de la structure diminue l'infiltration. Une aridification du climat interne du sol

---

31 Novaes, 2007, p. 63
32 Eustaquio Pereira, 2003, p. 7

(pédoclimat) s'instaure. Les rendements des cultures chutent . Ce type d'agriculture n'est donc pas viable. Les auteurs estiment que les terres nouvellement conquises sont rendues impropres à la culture du sorgho en 8 à 10 ans d'exploitation. Les migrants se retrouvent alors dans les conditions qui ont motivé leur départ »[33].

Dans un livre de Dufumier nous pouvons lire également à ce sujet: « L'exploitation minière des ressources naturelles et l'utilisation inadéquate de certains matériels et produits chimiques ont largement contribué à la simplification et à la fragilisation des écosystèmes dans le Tiers-monde. Ces évolutions se traduisent maintenant par de graves inconvénients pour les populations concernées: disparition du couvert arboré et diminution des réserves en bois, érosion progressive des sols et réduction des surfaces aisément cultivables, disparition de certaines espèces végétales et animales, abaissement des nappes phréatiques, etc. »[34].

Il me semble que, ce qui est en jeu ici, n'est pas nécessairement la remise en question de l'agriculture moderne comme un tout. La monoculture intensive permet effectivement des productions de gros volumes. L'utilisation du tracteur a, par endroit, permis de dégager des Hommes pour d'autres activités et permet une production substantielle. Par contre, pour que cela fonctionne il faut que deux éléments soient réunis: d'une part, lorsque l'on parle de de production agricole continue sans jachère, il faut maintenir un équilibre dans le sol. En quelque sorte, il faut nourrir le sol si l'on veut que celui-ci nous nourrisse. Il faut respecter la structure du sol et lui rendre sa capacité année après année en injectant tantôt du compost végétal, tantôt des fumures animales, injectées selon des proportions appropriées. D'autre part, imposer des techniques agricoles exogènes sur des sols de climats semi-aride plus fragiles et vulnérables peut conduire au désastre. Ou alors utiliser la jachère comme méthode de fertilisation des sols s'impose.

(Toute cette section est illustrée par quelques photos en annexe. Voir photos 5 à 10.)

33 Lahmar, 1996
34 Dufumier, 1996, p. 18

4.2.1) Rendre au sol ses capacités de production

« Le productivisme à outrance nécessite l'artificialisation des écosystèmes qui modifient les cycles biochimiques de l'eau, du carbone, de l'azote et d'autres éléments minéraux. Ce faisant, les agriculteurs simplifient considérablement les écosystèmes naturels, les substituants par d'autres plus fragiles. La répétition du labour stimule la minéralisation de l'humus et altère l'activité des micro-organismes nécessaires à la fertilité des sols »[35].

Il est certaines lois de la nature que nous ne pouvons pas ignorer très longtemps. Par exemple, pour se développer, les plantes ont besoin d'eau, de lumière, de carbone, d'oxygène et d'éléments minéraux. Parmi les éléments minéraux, citons le potassium (K) qui joue un rôle primordial dans la formation et le stockage des sucres, il aide également la plante à résister au froid, à la sécheresse et aux maladies. Le Phosphore (P), présent dans le sol sous forme de phosphates est nécessaire à la croissance des plantes. L'azote (N) est un élément essentiel de la photosynthèse qui permet la transformation de la matière minérale en tissu végétal. D'autres éléments sont aussi nécessaires à l'alimentation des plantes comme le calcium, le magnésium, le soufre, le cuivre, le manganèse, le zinc, etc. En plus, la vie des micro-organismes dans le sol permet la transformation de certains de ces éléments pour qu'ils puissent être ingérés par les plantes. Un ensemble d'éléments vivants et minéraux sont nécessaires au bon développement des cultures y compris vivrières. Les agriculteurs doivent posséder ces connaissances pour tenter de maintenir dans le sol un bon équilibre de façon plus ou moins naturelle, c'est à dire par des intrants issus de composts végétaux ou fumures animales ou à partir d'éléments chimiques de synthèse. Il s'agit de la fertilisation.

Dans une analyse approfondie des différences dans l'agriculture dans les savanes africaines et l'agriculture dans le *Nordeste* brésilien, nous lisons: « L'usage de l'engrais organique paraît traditionnellement plus développé en Afrique des savanes qu'au Brésil; le paysan noir recueille systématiquement le fumier dans ses étables et parcs et l'épand sur ces champs de case; dans le *Nordeste*, l'engraissement des terres est le résultat du parcage du troupeau sur le champs »[36].

Palito, 71 ans, agriculteur de la région. A eu beaucoup de terres, a beaucoup produit à une certaine époque. A tout perdu: *« Les sols d'Irecê sont parmi les meilleurs du monde mais ils sont devenus vieux et dépendent d'engrais externes. Pour que vous ayez une idée, j'avais beaucoup de terres, j'ai déjà planté 500 sacs de 50 kilos de semences d'haricots pendant le programme pro-feijão du gouvernement. J'employais jusqu'à 250*

35 Couto, 1998
36 Savonnet, 1980, p. 51-52

23

> *hommes pour la cueillette. Avec quelques sacs je remboursais la banque. A cette*
> *époque, en 2 ans je payais un tracteur. Et puis tout était facile, on préparait la terre au*
> *tracteur, on plantait et on cueillait c'est tout. On ne mettait aucun engrais dans la terre,*
> *rien ».*

Ainsi, il semble que l'on donne aux agriculteurs des crédits afin qu'ils puissent déboiser et planter mais leurs donne t'on les moyens et les orientations pour qu'ils puissent continuer ces activités sur le long terme?

«Souvent, les agriculteurs brésiliens utilisent encore des méthodes trop simples et souvent destructrices comme le brûlis et n'amendent pas suffisament, voir pas du tout la terre et attendent l'épuisement des sols pour déplacer leur culture sur des espaces encore vierges »[37]. Dans la région d'Irecê, les agriculteurs ont finit par arriver à la limite de l'espace disponible. La région a été déboisée à 95% et les terres, cultivées intensément sans aucun soin pendant 30 ans, ont été laissées derrières dans un état avancé de dégradation. Il faut aujourd'hui parler de « récupération » des sols.

Pour revenir à l'introduction de ce travail, la région d'Irecê suit aussi un développement à caractère « minier ». Les habitants sont en déplacement constant (même aujourd'hui) et ne s'attachent pas à un lieu donné. Ceux-ci cherchent plutôt à accumuler le plus vite possible quelque richesse car l'instabilité marque le contexte et personne ne sait de ce que demain sera fait. Il y a donc cette idée d'exploiter les richesses naturelles au plus vite pour accumuler mais aussi cette idée d'un territoire infiniment riche. A noter que les techniques ancestrales du « slash and burn » fonctionnent très bien et ce, jusqu'à un certain seuil de peuplement. Tant que l'espace existe et que les populations sont peu nombreuses, ces techniques sont adaptées. « La conquête s'est faite sur des terres libres, qu'elles le soient réellement ou que la présence indienne y ait été ignorée, soit sur des terres dont on savait pertinemment qu'elles appartenaient à des indiens, même si leur exploitation était très extensive. périodique, ce qui est normal dans des systèmes d'agriculture sur brûlis à très longue rotation, plus de vingt ans parfois »[38]. Il existait donc, dans la région étudiée comme ailleurs, un certain ordre. Une façon de faire adaptée mais qui a été bouleversée par des techniques exogènes inappropriées. « This evolution is probably the most significant structural transition of the dryland agriculture since its introduction. It is particularly serious as the previously "sustainable" system based on fallows in general, as opposed for example to the abandoning of fallows in temperate regions, has not been replaced by an equivalent system capable of sustaining soil productivity. The agriculture

---

37 Théry, 2004, p. 15
38 Théry, 2004, p. 4

turns into a purely "nutrient mining" system »[39].

Edivaldo, 42 ans, agriculteur et technicien agricole de l'Entreprise bahianaise de développement agricole (EBDA): « *Les plupart des cultures ici ont été introduites. Le maïs, les fèves, le ricin. Seulement, pour que ces produits donnent quelque chose, il faut les travailler de façon appropriée. De la façon que ces cultures sont travaillées depuis les années 60, c'est pas possible de continuer. Sans matière organique. La matière organique est méprisée, la gestion du sol est inadéquate et avec des cultures inadaptées au local, au climat, que pensez-vous que cela donne? La chute non? Personnellement je suis favorable aux cultures adaptées au local parce que vous partez déjà avec plus de sécurité* ».

Paula, 30 ans, fille d'agriculteur. Termine actuellement un Master à l'Université de l'État de Bahia (UNEB) en pédagogie. Travaille comme technicienne agricole pour l'ONG CAA: « *La situation aujourd'hui est très délicate. La région connaît un déclin de son agriculture depuis des années. L'agriculture dans la région est presque à l'arrêt. Les familles survivent grâce aux programmes d'assistance du gouvernement. La région a souffert un processus de dégradation environnementale. Les gens disent que la production n'est plus comme avant à cause des pluies mais je pense que les sols ont souffert d'un processus de dégradation intense. Ce que l'on appelle désertification ou perte de fertilité. Ici les sols sont fragiles et le climat sévère et les agriculteurs n'ont pas fait attention de protéger la terre, nourrir les sols, ou pratiquer la jachère. Nous avons assister à un cycle intense d'exploitation des ressources. A début cela a bien fonctionner car les gens pratiquaient le déboisement avec le feu et tombaient sur des sols reposés et riches. Peu à peu, les sols se sont fatigués et fragilisés. Aujourd'hui tout le monde se plaint mais les agriculteurs continuent les même pratiques. Un autre élément important est le manque d'assistance technique appropriée. Les organes du gouvernement ont orientés les agriculteurs selon les lois de la mécanisation. Cela peut fonctionner dans d'autres régions mais pas ici car notre climat semi-aride est sévère et nos sols peu profonds* ».

A ce sujet Marx écrivait déjà il y a près de 150 ans: « chaque progrès de l'agriculture capitaliste est un progrès non seulement dans l'art de dépouiller le travailleur, mais encore dans l'art de dépouiller le sol... La production capitaliste ne développe donc la technique et la combinaison du procès de production sociale qu'en épuisant simultanément les deux sources d'où jaillit toute richesse: la terre et le travailleur » (*Le Capital*, livre I, fin du 13e chapitre).

« Cette gestion de type extractif évoque les cycles successifs qui ont marqué l'exploitation des ressources au Brésil...(etc.) Cette tendance est bien évidement symptomatique de la situation socio-économique de cette région, mais elle n'est pas sans conséquences à terme sur la dynamique d'un milieu naturel déjà fragilisé... »[40].

---

39 Rockström, J, 1995
40 Cohen M et Ghislaine Duqué, 2001, p. 76

Katia, 32 ans, agricultrice de la région: « *Vous voulez dire, si la terre est faible? Oui, il y a cela aussi. La plupart du temps les gens dans la région passent le tracteur et brûlent les restent de végétation. Nous, lorsque nous séparons les graines de ricin, nous laissons sur le sol les restes de la plante. Quand il pleut ou quand le soleil tape fort, cette matière organique protège de l'évaporation et sert d'engrais. Les gens dans la région coupent et brûlent. Là-bas on voit où ca été brûlé, au début ca donne une jolie petite plante mais ensuite, avec le soleil, au moment de la floraison, ca donne rien parce que le sol est pauvre* ».

4.2.2) Applications de techniques inadaptées au local

«L'intention première était d'exporter directement en Inde les solutions techniques inventées aux États-Unis, en Europe, au Canada »[41]. Des solutions exogènes ont été souvent appliquées aveuglément dans des zones où ni le climat, ni la société n'y était favorable ou préparée. La région d'Irecê, par exemple, est frappée sept mois par années non seulement par une sécheresse et un soleil de plomb mais aussi par un vent exceptionnel. Les premières pluies vers novembre-décembre sont, en général, torrentielles. Ces éléments particuliers demandent des orientations particulières ainsi que des pratiquent ou traitements adaptés. Pratiquer l'agriculture dans le semi-aride comme on le ferait dans les régions du sud du Brésil est une erreur fatale.

La région qui est ici étudiée se situe dans la zone-semi aride du *Nordeste* brésilien. Dans le *polygone des sécheresses*. Par semi-aride, il faut comprendre un climat divisé en deux époques bien distinctes dans l'année. Une époque totalement sèche qui se prolonge sur plus de la moitié de l'année et une époque humide qui donne lieu à des précipitations annuelles allant de 200 à 600 millimètres d'eau par mètre carré. Dans la région qui nous intéresse, il y a donc deux époques pour l'agriculture aussi. L'une qui signe l'arrêt presque total de l'activité agricole, période pendant laquelle les troupeaux sont laissé en pâture sur les champs, et l'autre, intensive qui dure environ 6 mois. Les températures varient entre 20°C et 40°C la saison des pluies étant la plus chaude. Le facteur d'évaporation y est très fort.

Dans la région, nous avons affaire à deux types de sols:

- Cambisols (sols bruns): ce sont ces sols qui fournissent les meilleures terres agricoles mais ils sont sensibles. Celles-ci, quand elles sont fragilisées (manque d'amendement humifère ou calcique), deviennent plus sensibles au lessivage, s'acidifient, deviennent battantes. Cet appauvrissement est accéléré quand les agriculteurs "oublient" de pratiquer des rotations

---

41 Griffon, 2006, p. 68

dans les cultures et qu'ils satisfont les besoins des plantes, seulement en leur apportant des engrais, en oubliant de soigner les sols. La maïsiculture intensive est une pratique culturale très appauvrissante pour les sols.

- Lathosols rouges-jaunes: ces sols sont généralement riches et fertiles, avec des humus stables, voir peu mobilisables. Mais ce sont des sols fragiles, particulièrement sensibles à l'érosion éolienne ou hydrique, surtout dans la situation de découverture végétale dans laquelle ces sols se retrouvent après un incendie ou par suite du surpâturage. L'érosion réduit ces sols à des sols squelettiques autour de croûtes calcaires stériles.

Nous avons donc affaire, dans la région, à des sols bons mais fragiles. Cela explique le haut rendement agricoles des années 1950-1980 mais explique aussi la chute de la production. Un article qui parle d'une étude sur les sols de la région relate: « Nous avons vérifié dans la région d'Irecê la prédominance de sols peu profonds et avec des caractéristiques morphologiques, physiques et chimiques qui favorisent les processus d'érosion »[42].

Comme nous l'avons vu, les plantes s'alimentent de lumière, d'eau et de minéraux présents dans le sol. La couche supérieur ou superficielle du sol (30cm) est la couche riche en éléments nutritifs dont les plantes s'alimentent. Cette couche est aussi fragile et vulnérable car justement superficielle, en contact avec l'air, la pluie, les machines.

Parmi les facteurs qui favorisent l'érosion, nous retrouvons surtout le vent, l'eau qui ruisselle, l'absence de couverture végétale et la pente. Dans la région d'Irecê, nous retrouvons fortement les 3 premiers facteurs: durant la saison sèche le vent est très fort et souffle en continu. Pendant la période des pluies, celles-ci ont tendance à être torrentielles et surviennent quand la température est élevée. Il s'agit d'orages tropicaux. D'autre part, la région a largement perdu son couvert végétal. La terre est souvent laissée sans aucune protection durant de long mois de sècheresse. « En effet, à la suite d'une surexploitation de la végétation naturelle par des coupes abusives dans les zones boisées et par le surpâturage et les feux répétés, le sol se découvre et subit alors directement l'influence des pluies intenses. L'humus, déjà insuffisant dans ces sols, est détruit plus ou moins rapidement mais sûrement, par la minéralisation. La structure se détruit et le sol se tasse, de plus en plus rapidement et fortement que le piétinement par les animaux est plus intense, ce qui le rend plus sensible à l'érosion hydrique et à l'érosion éolienne; l'eau ruisselle sur les pentes et n'alimente que très peu le sol et la nappe phréatique »[43].

---

42 Bezerra Leite, 2003
43 Nahal, 2004, p. 28

La littérature sur l'agriculture dans la région d'Irecê et du *Sertão* en général est remplie de références à l'épuisement des sols (Théry), la dégradation de la fertilité (Mazoyer), une agriculture minière (Tonneau), épuisement complet du sol (Savonnet), prédominance de sols susceptibles à l'érosion (Leite), crise de la production (Bastos), chute du rendement physique de la terre (Schmitz). Tous ces auteurs parlent du même phénomène, avec des subtilités bien-sûr, mais tous parlent des sols fatigués qui ont une productivité décroissante.

L'auteur qui résume peut-être le mieux mon propos est le chercheur pour la FAO, Rockström: « This evolution towards an accelerated "biomass scarcity" in tropical drylands, resulting in chronic soil moisture and nutrient deficits (due to reduced organic and mineral recycling), has led to alarming tendencies of declining yields in many semi-arid regions: up to a 50% lower over a 10 years period in low-input rainfed agriculture in dry-land areas. The diminishing vegetation cover, and consequently the lowered rate of organic matter, can quite easily result in a collapse of the soil structure and the formation of impermeable soil crust »[44].

Un autre problème lié à la chute de la production dans la région est l'obstination a produire des cultures inadaptées aux cycles de sécheresses. Des plantes qui, génétiquement, n'ont pas la capacité d'attendre une pluie quelques semaines: surtout le maïs et certaines espèces de fèves moins résistantes. Selon Fernandes Lima, « Le climat semi-aride brésilien, avec 3000 heures de soleil par année, des températures élevées et des pluies irrégulières, serait plus adapté pour la culture d'arbres ou de plantes pérennes que pour les cultures annuelles »[45]. Pourtant, à Irecê, sauf quelques rares producteurs d'arbres fruitiers, la majorité s'obstine à planter chaque années maïs, fèves, ricin avec un risque très élevé de perte.

La *Caatinga* possède ses propres lois et les éléments naturels sont complètement adaptés à la réalité du local. Les crapaud du lieu, les tortues, les petits mammifères comme les tatous ou encore les plantes locales comme le *umbuzeiro* ou l'*aroeira* ne meurent pas de soif ou des suites de la sécheresse. Ces être vivants sont programmés pour vivre et résister aux aléas climatiques. En revanche, les plantes venues de loin ont plus de difficulté à s'adapter ce qui n'est pas sans causer des crises de production: « Les nouvelles des crises qui nous viennent du *Sertão* sont le résultat direct et évident d'une production qui ne prend pas en compte les principes, les caractéristiques et les

---

44 Rockström, 1995
45 Fernandes-Lima, 1988

28

qualités du bioma »[46].

4.2.3) Les maladies

Il semblerait aussi que les cultures souffrent davantage de maladies qu'auparavant. Il est logique de penser que des plantes qui se développent sur des sols fatigués souffrent de carences en minéraux et sont ainsi plus sujettes à souffrir de parasites ou maladies. « Crise des modèles techniques avec l'apparition après quelques années, des nématodes dans les sols dont le traitement renchérit les coût de production »[47]. (Voir photos 3-4 en annexe).

> Palito, 71 ans, agriculteur de la région: « *Pour les agriculteurs, la région n'est plus viable. Pour planter un demi hectare ("uma tarefa"), ca coûte environ 60 Frs (120 Reais). Avant on récoltait environ 10 sacs (50 kilos) par demi hectare. Aujourd'hui on en cueille même pas deux. Et qui travaille aujourd'hui doit affronter des centaines d'organismes nuisibles. Avant on plantait sans engrais et sans pesticides* ».

> Neto, 50 ans, agriculteur. Travaille sur sa propriété avec l'irrigation. Il a travaillé pendant des années traditionnellement et depuis quelques années il travaille bio. Ses soeurs ont un magasin de fruits et légumes dans la ville d'Irecê où ils vendent les produits de la ferme familiale: « *Quand les agriculteurs de la région ne perdent pas leurs fèves à cause de la sècheresse, il les perdent à cause de la mouche blanche. Les parasites se sont multipliés dans la région parce que les sols sont mal entretenus ou pas entretenus du tout. Je connais une autre personne qui vient de perdre une exploitation immense de tomates irriguées. Il passait des défensifs tous les jours mais sans succès. La plupart des producteurs dans la région utilisent massivement les pesticides en pensant que cela va résoudre leurs problèmes* ».

« La détérioration du patrimoine écologique est souvent causées par des initiatives qui ont pour objectif des gains immédiats de productivité, sans que soient considérées les conséquences sur le long terme. Souvent ce productivisme contribue à l'utilisation d'immenses surfaces pour une seule culture commerciale. L'expansion des parasites, herbes envahissantes et maladies spécifiques à ces cultures se développent rapidement et s'intensifient »[48].

D'autre part, il semblerait que la région d'Irecê connaisse des problèmes liés au compactage des sols car le gouvernement local a entrepris un programme de "décompactation" de la terre: selon le chercheur Delmo Oliveira, la Préfecture d'Irecê négocie avec d'autres instances publiques pour mener à bien son plan de développement de "décompactation" des sols, ce qui est la conséquence d'une utilisation inadéquate des machines sur les terres. Dans ce programme, le gouvernement prétend décompacter 15'000 hectares de terres issues de l'agriculture familiale ainsi que des

---

46 Souza, 2005
47 Tonneau et Barros, 2010
48 Couto, Dufumier, 1998

programmes de sensibilisation des producteurs de la région à l'importance du nivellement adéquat des sols.

4.2.4) L'approche "amortissements"

Définition du mot "amortissement" dans le dictionnaire: *L'amortissement des immobilisations est la constatation comptable de la dépréciation de la valeur de certains éléments de l'actif immobilisé*. Ainsi, selon certains auteurs, toutes les estimations de la croissance agricole de certaines régions, y compris la croissance de la production dans la région d'Irecê à partir des années 50, seraient fausses car elles ne comptabilisent pas l'amortissement lié à la perte de fertilité des sols. Lorsqu'une entreprise brise toutes ses machines pendant le processus de production et, qu'au bout de 10 ans, elle ne produit plus rien parce que les machines ne fonctionnent plus, quel est le sens des gains accumulés pendant ces dix ans? Une agriculture minière conduit, elle aussi, à une dégradation du support principal pour la croissance des planes, le sol.

4.2.5) L'approche "écologie politique"

Et puis il est intéressant de ne pas considérer l'érosion comme un seul facteur géologique ou géo-morphologique mais d'appliquer au phénomène les vues de Blaikie et Brookfield: « L'érosion, et le déclin des rendements qu'il s'en suit, sont donc la conséquence d'un ou d'une série de déséquilibres au niveau social, économique et/ou politique »[49]. Ou encore, « Les paysans peuvent se retrouver dans une situation de réponse ou d'adaptation obligée à des circonstances sociales, économiques ou politiques changeantes. Le marché, le propriétaire de la terre ou l'État peuvent leur refuser l'accès à certaines ressources ou les obliger à planter telle ou telle culture. Ils doivent alors trouver des stratégies pour répondre à de telles pressions »[50]. Cette théorie renforce le caractère fortement exogène et imposé de ce développement ce qui explique aussi son échec.

Un autre élément intéressant de la théorie de Blaikie et Brookfield sont les effets interactifs. A partir d'un certain stade de dégradation, il peut arriver que le paysan entre dans ce que nous pourrions appeler un cercle vicieux. Ainsi, la dégradation de la terre peut freiner ou stopper le développement économique et de bas niveaux socio-économiques peuvent avoir un fort impact dans le sens de la dégradation de la terre (Blaikie et Brookfield). En d'autres termes, et dans le cas qui nous intéresse particulièrement, voici ce que l'on pourrait penser: à partir des années 1950, l'État brésilien cherche à dégager des profits par l'intensification de l'agriculture et également pour répondre à la démographie changeante. Ainsi, le potentiel agricole de la région d'Irecê attire les investissements. Nous assistons à une forte augmentation de la production dirigée et menée sans discernement et

---

49 Blaikie et Brookfield, 1985
50 Blaikie et Brookfield, 1985

sans aucun soin particulier. Celle-ci répond à un besoin urgent, ponctuel et planifié. La dégradation qui résulte de telles pratiques met les agriculteurs dans une situation délicate qui les force à adopter des pratiques risquées, laborieuses et dégradante. Un autre auteur parle exactement de cette question avec d'autres mots: « La non durabilité écologique de l'écosystème cultivé entraîne la non durabilité économique du système productif, la sous-alimentation et la mauvaise santé »[51]. En fait nous tombons sur l'idée du cercle vicieux dont plusieurs auteurs parlent: « La survie de l'exploitation paysanne dont le revenu tombe en dessous du seuil de renouvellement n'est possible qu'au prix d'une véritable *décapitalisation* (...). De plus en plus mal outillés, mal nourris et mal soignés, ces paysans ont une capacité de travail de plus en plus réduite. Ils sont donc obligés de concentrer leurs efforts sur les tâches immédiatement productives et de négliger les travaux d'entretien de l'écosystème cultivé »[52]. Ou encore: « La crise structurelle est plus perverse et tend à affaiblir la capacité du producteur de rompre avec les cycles de crises »[53]. Plus la fertilité de la terre baisse moins le paysan gagne et plus sa capacité à redresser l'équilibre du système par l'apport externe d'intrants coûteux ou des longues jachères, est réduite.

4.3) La question de l'eau

Dans toute zone aride ou semi-aride, la question de l'eau est d'une fondamentale importance. Non seulement pour l'agriculture très gourmande en ressources hydriques mais aussi pour les besoins journaliers de populations grandissantes. Et ces conditions concernent une population importante: « Of the world's rural population, approximately half live in savannah agro-ecosystems where the hydro-climate is characterized by frequent droughts and floods »[54].

4.3.1) Le climat, les pluies:

Dans le *Sertão,* les sècheresses sont récurrentes, elles vont et viennent sous forme de cycles. Il s'agit évidemment de phénomènes naturels qui ont toujours existé. Les indigènes qui vivaient dans la région depuis des millénaires et qui s'étaient adaptés à l'écosystème local appelaient la forêt locale, *caatinga,* qui signifie forêt blanche pour l'aspect qu'elle prend en périodes de sècheresse alors que les arbres perdent leurs feuilles pendant de longs mois. Les sècheresses se manifestent de plusieurs façons différentes: il s'agit de la période sèche chaque année qui dure environ 6-7 mois. Il s'agit aussi de cycles qui durent de une à plusieurs années pendant lesquels les précipitations sont moindres. Une autre forme commune de sècheresse dans la région est appelée localement "sècheresse verte ". Celle-ci est particulièrement destructrice car sévit pendant 4-5 voir 6 semaines

51 Mazoyer, 2001
52 Mazoyer, 2001
53 Schmitz, 2003
54 Rockström, 2003

en pleine saison des pluies donc lorsque les semences sont en terre. L'irrégularité des précipitations est un casse-tête pour les agriculteurs qui n'ont pas accès à l'irrigation et sans doute le défi le plus important pour l'avenir de l'agriculture dans la région. Encore une fois, ces phénomènes sont normaux et récurrents dans une telle région et on ne peut pas "lutter" contre eux. On ne peut que s'adapter.

Selon les dires de la population locale, et cela est répété de manière systématique, les pluies ne sont plus comme autrefois. Irecê traverserait donc un cycle de sècheresse?

Netc, 50 ans, agriculteur. *« La région est en faillite au niveau de l'agriculture à cause du manque de pluie ».*

Olga, 70 ans, agricultrice retraitée: *« Plus personne ne produit plus rien à cause des pluies qui sont trop peu ».*

Onias, 66 ans, agriculteur toujours actif: *« Ca fait une cinquantaine d'années que je plante chaque année. C'est clair que dernièrement c'est devenu plus difficile à cause des pluies plus irrégulières ».*

Alex, 34 ans, loue des terres, investit et plante irrigué: *« C'est clair que ces dernières années pour les agriculteurs de la région qui ne travaillent pas irrigués c'est impossible d'arriver à quelque chose. Il ne pleut pas assez ».*

Si l'on compare ce que la population dit avec les graphiques, nous voyons que, effectivement, les précipitations fonctionnent par cycles. Mais rien ne semble indiquer une sécheresse exceptionnelle ces dernières années. Si l'on regarde de plus près les pluies à Juazeiro (région semi-aride dans l'État de Bahia à 200km d'Irecê), on remarque que des années sont bonnes et des années sont plus sèches.

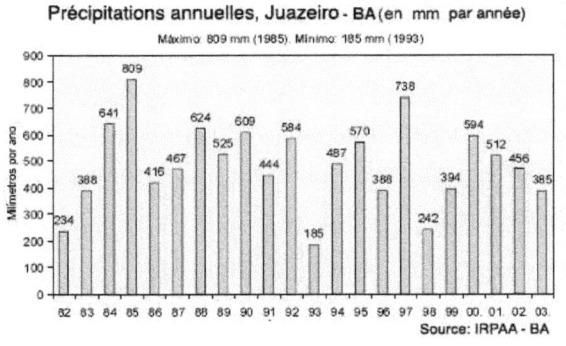

De la même manière, ce graphique ci-dessous qui indique le nombre de jours consécutifs de

32

sécheresse à Irecê de 1944 à 1982, on remarque des cycles qui semblent tout à fait réguliers (ou presque) mais là encore, rien d'extraordinaire ni dans un sens ni dans l'autre.

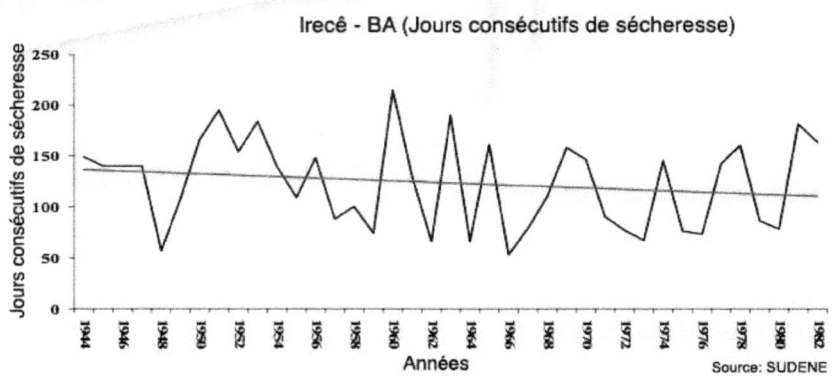

Certains spécialistes affirment que les changements climatiques liés à l'augmentation de la concentration de gaz à effets de serre (GES) dans l'atmosphère à l'échelle planétaire modifiera sensiblement le climat dans les zones arides et semi-arides. La région d'Irecê pourrait devenir plus chaude, les précipitations plus concentrées et moins généreuses. Mais, jusqu'à présent, cela reste théorique et prévisionnel.

La question de la sécheresse à Irecê à été et demeure de fondamentale importance: « Le phénomène des sécheresses et l'inexistence d'une infrastructure adaptée font partie des facteurs responsables pour la réduction de la production agricole régionale et pour la désintégration de son économie »[55].
Enfin il est important de dire que le manque de pluie n'est pas l'élément qui explique l'effondrement de l'agriculture dans la région depuis les années 80. « Water scarcity in dryland agriculture cannot be explained only by hydroclimatic fluctuations but is to a large extent caused by soil and water managment failures. The major structural transition contributing to this failure is suggested to be abandoning of an agricultural system based on fertility reproduction through long fallows, without introducing a sustainable alternative »[56]

4.3.2) L'irrigation:
De prime abord, l'irrigation peut sembler être la solution à ces problèmes de sécheresses cycliques.

---

55 Costa, 2004, p. 53
56 Rockström, 1995

Et celle-ci s'est beaucoup développée dans la région étudiée mais nous verrons que celle-ci ne s'est pas développée sans certains problèmes...

D'abord, celle-ci a créé une forte discrimination entre les agriculteurs dans la région: « Malgré la création de quelques programmes spéciaux d'appui aux petits producteurs qui apparaissent d'ailleurs tardivement, les subventions se sont portées sur les entreprises rurales. L'appareil d'État n'a pu assumer le rôle de promotion de l'agriculture familiale »[57]. Ou encore, Tonneau et Rocha-Barros, parlent, dans leur article sur *Les transformations du bassin du São Francisco* de « pratiques paternalistes et clientélistes de la Codevasf et son incapacité à analyser et prendre en compte la diversité des acteurs et leurs intérêts divergents ».

> Carlos-Ney, 34 ans, professeur et membre du Secrétariat de l'environnement de la municipalité d'Irecê: *« L'agriculture aujourd'hui c'est l'irrigation pour les grands producteurs qui ont le capital pour investir et les petits producteurs, les agriculteurs familiaux, toujours un peu plus mis à l'écart. Quelques uns survivent grâce à une petite irrigation mais la majorité sont complètement désemparés. S'il pleut quelques gouttes, ils plantent le maïs ou les fèves comme ils ont l'habitude de le faire mais sans savoir si les cultures vont donner quelque chose ou non. En même temps la plupart des familles dans les villages de la région, même s'ils ont des terres, survivent grâce aux aides de l'État. La majorité des paysans de la région vivent des programmes publics d'assistance ».*

Ensuite, l'irrigation dans la région s'est développée sans aucun contrôle, de manière totalement désordonnée et sans assurer la capacité de renouvellement des nappes phréatiques qui se sont beaucoup asséchées. Début des années 2000, un immense affaissement dans un village de la région (*Lapão*) a détruit la moitié des maisons et a ouvert une faille de plusieurs kilomètres de long.

> Palito, 71 ans, agriculteur de la région. A eu beaucoup de terres, a beaucoup produit à une certaine époque: *«Et les puits sont entrain de sécher. Ici et dans des villages de la région c'est interdit de creuser des puits. Je ne sais pas si vous avez entendu parler, même la télévision Globo est venue car à Lapão, un terrain s'est affaissé. Il y a dans la rue du village une faille de 50cm de large. Une maison qui valait 6000 Reais en vaut 5. Les gens s'en vont, le business est horrible dans la région. Même à Irecê c'est devenu difficile de creuser des puits parce que les puits sont secs.*

Selon un géologue qui est venu sur les lieux pour analyser la situation de ces fissures dans la terre, l'origine du problème viendrait des 11'000 puits souterrains de la région qui s'assèchent petit à petit. Les galeries que l'eau occupait se remplissent alors de nouveau par la terre des galeries du dessus

---

57 Tonneau, Sidersky, Eloy, Sabourin, 2010

qui cèdent (http://www.youtube.com/watch?v=m-N0ESjvQ4I).

Selon le Secrétariat des Ressources Hydriques (SRH), lié au Ministère de l'environnement du gouvernement fédéral, il existe sur le plateau d'Irecê environ 320'000 hectares aptes pour l'irrigation mais le potentiel réel de disponibilité de l'eau permettrait d'irriguer 26'000 hectares. Alors qu'en 1991, 1466 forages étaient recensés, en 2003, ils étaient 3066. En fait, selon les ONG de la région, il y aurait plus de 10'000 de puits dans la région. Ainsi l'immense majorité des forages échappe totalement au contrôle de organes publics de gestion.

De plus, l'utilisation de l'eau serait, dans la plupart des cas, inadéquate à cause de systèmes d'irrigation à bas rendement et vieux donc entraînant des pertes (Oliveira, 2005).

Les problèmes liés à la distribution des systèmes d'irrigation ainsi qu'à leur gestion sont souvent tels que l'irrigation n'est pas une solution pour l'ensemble de la population. « irrigation schemes have been associated with severe managment problems, especially in poverty-stricken countries. This indicates that rainfed agriculture will remain the dominating source of production during a forseeable future »[58]. En d'autres termes, l'agriculture irriguée n'a pas été une solution pour les agriculteurs de la région et ne le sera probablement pas d'ici quelques décennies voir quelques siècles! Cela signifie, et c'est là que nous voulons en venir, que l'agriculture familiale doit travailler avec l'écosystème local, avec le climat local et ses sécheresses cycliques mais surtout, avec des plantations adaptées et une gestion des sols appropriée.

Un autre problème qui a surgit récemment dans la région, et principalement dans les cultures irriguées, est l'usage massif d'agro-toxiques ou pesticides justement pour compenser cette baisse de production et la multiplication d'invasions d'organismes nuisibles.

Carlos-Ney, 34 ans, professeur et membre du Secrétariat de l'environnement de la municipalité d'Irecê: « *Seulement quelques producteurs privilégiés ont des grandes surfaces irriguées. Cela coûte très cher pour faire un forage. Cela entraîne des problèmes car il n'y a aucun contrôle des organes du gouvernements sur l'utilisation de l'eau. Lorsqu'un forage est épuisé, les producteurs en font un autre plus loin. Aujourd'hui les cultures irriguées dans la région sont principalement les oignons, la tomate, les carottes et la betterave. La plupart de ces cultures avec des niveaux extrêmement élevés de pesticides* ».

---

58 Rockström, 2003

> Paula, 30 ans, fille d'agriculteur: *« Les gens veulent gagner de l'argent rapidement. Pour cela ils utilisent n'importe quel genre de produit afin de tenter d'accélérer la croissance des plantes. Dans la région nous devrons vraiment changer la logique de l'agriculture mais pour cela tout le monde a un rôle a jouer y compris les consommateurs. Notre alimentation est en jeu. Dans la région le nombre de cancers liés aux pesticides et maladies de la peau des paysans qui utilisent ces produits sans attention sont très élevés. Les producteurs utilisent des quantités incroyables de "venins" sans aucune attention ».*

«L'utilisation intense de pesticides dans la région d'Irecê pollue des nappes phréatiques de résidus (fertilisants chimiques, agro-toxiques, résidus solides) et augmente la salinité des sols»[59].

Petite anecdote, le Brésil a le triste record d'être le plus grand utilisateur mondial de pesticides. En 2008, 673'862 tonnes de pesticides ont été utilisés ce qui représente plus de sept milliards de dollars (US $). Les services de santé nationaux ont comptabilisé un total de 25'000 cas d'intoxications par pesticides. Le gouvernement fédéral est en phase d'évaluation de l'utilisation de 14 types d'agro-toxiques dont 12 ont été interdits au Japon, en Europe et aux États-Unis (Merlino, 2009).

> Palito, 71 ans, ancien agriculteur: *«Vous voyez ces endroits maintenant où on produit beaucoup d'oranges, canne à sucre, les travailleur d'ici partent là-bas. Je pense à Luis Eduardo, Barreiras. Ici l'agriculture pluviale a disparu, nous sommes passés à l'irrigation et celle-ci prend exactement le même chemin. Les puits sèchent et les parasites prennent les cultures d'assaut. Je connais un ami qui avait planté des hectares de tomates, il a tout perdu. Il m'a dit qu'il appliquait des pesticides tous les jours. L'autre problème est que l'eau du sous-sol contient beaucoup de calcaire et si l'on mouille avec cette eau et ensuite qu'il pleut par dessus, le résultat est catastrophique ».*

4.4) La réalité duale de l'agriculture brésilienne

Une autre raison capable d'expliquer cette terrible déroute de la production agricole de la région d'Irecê à partir des années 80 est due à l'absence de politiques d'intervention ou d'appui adapté à la réalité de l'agriculture familiale. Il est clair que lorsque les mauvaises solutions sont apportées pour résoudre un problème, les conséquences ne sont pas réjouissantes. Dès les années 50 des efforts ont été fait, principalement par l'État, pour moderniser l'agriculture brésilienne. Toujours avec comme objectifs l'exportation de denrées et le dégagement de bénéfices capables de permettre au Brésil de faire face à sa dette, ses engagements financiers internationaux (ajustements structurels), pour favoriser l'industrialisation et pour permettre au pays de faire face à l'augmentation de la population.

---

59 Oliveira, 2005

En conséquence, « l'agriculture brésilienne se modernise, se restructure, s'industrialise mais beaucoup d'acteurs de ce monde rural restent en marge de ces progrès car ils ne disposent pas des moyens financiers nécessaires à de tels investissements »[60].

Voilà ce qui amène les auteurs à parler, dans le cas du Brésil (et cela est valable pour beaucoup d'autres régions du globe) d'agriculture à deux vitesses. « D'une part on rencontre les "petits" éleveurs ou les "petits" agriculteurs qui se démènent pour tenter de vivre décemment sans réellement y parvenir. D'autre part, on trouve des grands entrepreneurs du monde rural ou plutôt de la filière rurale. En effet, on a affaire à des professionnels qui sont parfaitement intégrés à un complexe agro-industriel »[61].

L'erreur de l'État, selon Tonneau, Sabourin, Sidersky et Eloy, a été, a partir des années 50, de tenter de vouloir moderniser l'agriculture familiale pour qu'elle se fonde en quelque sorte avec l'agriculture industrielle: un projet économique libéral qui vise à transformer les agriculteurs familiaux en producteurs entrepreneurs ruraux (etc). Le projet libéral supposait que l'agriculture familiale pouvait être en compétition avec l'agriculture d'entreprise sans mesurer les rapports de force (Tonneau, Sabourin, Sidersky et Eloy). Ce phénomène de modernisation comporte en effet quelques risques: « When new technologies requires more capital inputs, mechanization, or high levels of education, these requirements may disadvantage smaller farms »[62].

En d'autres termes, « Le modèle de production des agriculteurs familiaux copié sur celui des entreprises et tourné vers l'exportation est vulnérable »[63]. Puis, « les preuves à l'appui de ce raisonnement ne manquent pas, une étude effectuée en 1992 dans 113 pays par le Fonds international de développement agricole – FIDA, montre clairement qu'entre 1965 et 1988, une période où de nombreux pays ont mis en oeuvre des Programmes d'ajustements structurels (PAS) et accéléré la modernisation de l'agriculture, le niveau de pauvreté rurale a augmenté considérablement »[64].

« L'agriculture familiale a été considérée comme une production subalterne à l'agriculture d'entreprise...(etc). Ce manque de définition de la place qu'occupe ou doit occuper l'agriculture familiale fait que les agriculteurs familiaux ont subi des projets inadaptés qui se sont traduits par des

---

60 Théry, 2004
61 Théry, 2004
62 Hazell, 2007
63 Tonneau, Rocha Barros, 2010
64 Desmarais, 2002

situations de vulnérabilité »[65].

Cet échec est grandement dû à un phénomène de "mise en compétition" de systèmes et d'acteurs en possession de moyens différents. Les efforts extraordinaires déployés pour tenter de pousser l'agriculture familiale vers des niveaux de haut rendement est peut-être du au fait de l'oubli de la multifonctionnalité de l'agriculture. Jacques Chonchol écrit e 1986 dans son livre *Paysans à venir*: «Le Brésil offre peut-être aujourd'hui, parmi les pays du tiers monde, l'exemple le plus typique d'une marginalisation des paysans provoquée par une croissance et une modernisation capitaliste accélérée, dans un contexte politique autoritaire et une croissance démographique rapide». Ou encore, toujours selon Chonchol «Le modèle occidental de développement copié par les pays du tiers-monde, sous une forme capitaliste ou socialiste, en donnant la priorité absolue à l'industrialisation et en cherchant à augmenter la production agricole en fonction des demandes du marché d'exportation, du marché urbain et de l'industrie, avec des technologies venant de l'Occident, a produit un grave processus de destructuration des sociétés paysannes »[66].

Plus directement en rapport avec le *Sertão* brésilien, cela amène les auteurs, Tonneau et Rocha Barros, à affirmer que la Codevasf, dans ses projets de financements de l'agriculture n'a pas suffisamment valorisé les qualités de l'agriculture familiale: diversification, pluri-activité, multifonctionnalité, gestion des ressources naturelles, réponses aux besoins alimentaires des populations locales. Le manque de définition de la place de l'agriculture familiale fait que les agriculteurs familiaux connaissent des processus d'appauvrissement (décapitalisation, déqualification technique, libération de la main d'oeuvre familiale, risques et incertitudes climatiques).

La mise en compétition de systèmes qui ont des moyens si différents d'adaptation peut conduire à l'éradication de la petite paysannerie. Mais le problème est loin d'être réglé lorsque l'on voit la situation des grandes villes brésiliennes et des ceintures de populations inactives qui les entourent.

En d'autre termes, « in some cases, policymakers need to consider wether there are social reasons to support small farms »[67].

Cela nous amène à un élément extrêmement important et qui a trop souvent été négligé par ces

---

65 Tonneau, Sabourin, 2009
66 Chonchol, 1985, p. 241
67 Hazell, 2007

38

programmes de modernisation: la multifonctionnalité de l'agriculture familiale. Selon les auteurs Hazell, Poulton, Wiggins et Dorward, les petites fermes ont trois rôles majeurs qui mériteraient d'être considérés:

- Tout d'abord, un rôle de développement ou de lutte contre la pauvreté. Ces petits producteurs devraient être valorisés en tant qu'agriculteurs car ils peuvent contribuer à la lutte contre la pauvreté. Nous voyons qu'aujourd'hui les familles rurales de la région d'Irecê vivent des aides de l'État alors que leur production n'est pas encouragée.
- Ensuite, cette population "maintenue dans l'agriculture" est un réservoir de main d'oeuvre pour une industrialisation plus ou moins rapide.
- Enfin, les petites fermes sont un filet de sécurité pour les plus pauvres qui ne peuvent être compétitifs sur le marché. Celle-ci sans dégager nécessairement de profits, produisent des aliments accessibles aux niveaux des communautés rurales qui peuvent être échangés...

Les politiques appliquées dès les années 50 ont amenés à la mise en compétition des petites exploitations familiales avec les entrepreneurs agricoles ultra modernisés. En même temps, les familles rurales reçoivent des bourses de l'État qui assurent leur survie, sans que leur production agricole ne soit valorisée. Comme si professionnellement la société n'avait plus besoin de leurs services...Et cela n'est pas sans conséquences en termes de délinquance, oisiveté, alcoolisme, etc. Hervé Théry ajoute dans son article « Agriculture et développement en Amérique Latine », que ce recul de l'agriculture vivrière devant les cultures commerciales commence à inquiéter les pouvoirs publics pour trois raisons: d'abord la crainte d'un déficit alimentaire. Ensuite parce que le Brésil exporte toujours plus certains produits mais importe également toujours plus d'autres. On assiste donc à une spécialisation à outrance de l'agriculture. Enfin, l'État commence à se préoccuper de l'exode rural. Il faut nourrir de plus en plus de citadins (80%) avec toujours moins d'agriculteurs (20%).

Cet état de fait est grandement lié au point suivant lui aussi lié au marché: la chute des prix des denrées agricoles.

4.5) La descente aux enfers des prix des produits agricoles

La baisse des prix agricoles et donc des revenus des agriculteurs est un phénomène mondial, progressif dans la seconde moitié du 20ème siècle, et qui se poursuit aujourd'hui.

« Les augmentations de productivité et de production résultant de la révolution agricole et de la révolution verte, qui ont conquis les pays développés et les régions favorables des pays en développement, ont été si élevés qu'ils ont provoqués, dans ces pays, une très forte baisse des prix agricoles réels »[68].

Ce phénomène contribue aussi a expliquer partiellement la chute de la production agricole dans la région d'Irecê dès les années 80. En effet les commodités agricoles ont vu leurs prix chuter progressivement. Alors que les prix deviennent peu intéressants et seuls certains agriculteurs, qui ont été en mesure d'investir suffisamment et qui ont certaines réserves, restent dans la course. Ainsi la baisse des prix agricoles s'est traduite par un véritable blocage du développement de la masse des paysans les moins bien équipés et les moins bien situés géographiquement. Cela amène Mazoyer à écrire « Ces circonstances défavorables sont venues aggraver l'appauvrissement et la sous-consommation paysanne, et là où plusieurs circonstances défavorables se sont conjuguées, de véritables quadrilatères de la faim ont pu se former: tel fut le cas du Nord-Est brésilien, où se combinent l'aridité du climat, le lati-minifundisme, etc. »[69].

Ainsi, certains auteurs affirment que, alors que les prix des denrées sont maintenus bas afin que les couches de la population les plus pauvres y ait accès, cela nuit à l'immense majorité de la population mondiale qui est à la fois pauvre et paysanne. « Selon la FAO, sur environ 800 millions de personnes en situation de sous-alimentation chronique, les trois-quarts (soit 560 millions) sont de ruraux parmi les quels ont trouve principalement des paysans sous-équipés, se trouvant dans des régions peu favorables, etc. Quant aux 25% non-ruraux, un grand nombre sont des membres de familles paysannes pauvres récemment condamnés à l'exode vers les bidonvilles et qui n'ont pas encore retrouvés des moyens d'existence suffisants »[70]. Ainsi, il semblerait que garantir des prix dignes pour les produits issus de l'agriculture serait le meilleur moyen de lutter contre la pauvreté parce que la plupart des personnes insuffisamment alimentées ne sont pas des consommateurs-acheteurs mais des producteurs-vendeurs. Le problème est que les revenus laissés aux agriculteurs sont restés presque toujours insuffisants pour que ces derniers puissent investir de façon à équiper leurs exploitations et accroître la productivité de leur travail.

---

68 Mazoyer, 2001
69 Maozoyer, 2001
70 Mazoyer, 2001

	Riz (R$/Sc)	Fèves (R$/Sc)	Maïs (R$/Sc)	Soja (R$/Sc)	Blé (R$/Sc)
1973	63,64	242,36	54,54	137,85	77,41
1974	73,49	228,49	60,68	109,95	92,92
1975	92,60	141,08	56,23	93,26	109.98
1976	70,93	207,67	58,82	88,40	99,61
1977	57,33	234,92	47,24	92,00	86,54
1978	67,10	174,21	56,63	86,44	93,72
1979	81,21	151,76	64,16	93,07	82,76
1980	83,71	313,65	61,49	80,19	70,43
1981	61,96	289,85	50,19	70,26	73,21
1982	74,87	144,75	39,76	66,42	88,23
1983	68,28	145,43	58,13	87,52	74,50
1984	60,84	170,86	51,84	96,50	86,14
1985	67,11	167,12	46,59	74,79	98,66
1986	66,75	173,17	49,82	66,14	99,32
1987	39,96	113,82	30,16	58,47	59,75
1988	42,00	146,34	36,58	77,03	52,78
1989	37,58	172,27	32,29	53,80	38,00
1990	37,77	111,96	25,28	33,10	26,89
1991	55,99	96,65	29,36	41,69	27,35
1992	37,90	85,69	23,60	43,26	31,70
1993	33,47	84,03	24,58	42,37	29,05
1994	34,26	108,88	21,34	37,06	24,37
1995	27,49	86,92	17,27	27,62	22,27
1996	28,56	67,69	20,84	36,40	27,27
1997	30,48	84,26	16,64	38,80	19,83
1998	38,64	127,76	18,91	30,47	20,12
1999	29,41	69,04	20,17	32,31	23,09
2000	21,65	46,66	20,48	30,90	21,85
2001	25,62	86,68	14,72	35,53	23,68
2002	28,73	94,85	21,58	43,49	30,36
2003	37,42	77,54	20,30	42,80	30,97
2004	33,37	69,47	19,43	41,59	24,47
2005	20,81	77,27	17,94	27,70	18,55

Evolution des prix des denrées alimentaires au Brésil de 1973 à 2005. Ces prix réels sont en Reais (R$) / par sac de 50kg payés aux producteurs.

Source: EMATER (Entreprise d'assistance technique et extension rurale).

Ces chiffres permettent d'apprécier principalement deux choses: D'une part, l'instabilité des prix. Par exemple, le sac de fèves est payé aux producteurs R$ 313,65 en 1980 contre R$ 144,75 deux ans plus tard. D'autre part, l'effondrement régulier des prix jusqu'en 2005 est absolument impressionnant: les deux produits qui nous concernent soit le maïs et les haricots perdent environ 60% de leur valeur en 30 ans.

Pour revenir spécifiquement à la région d'Irecê, la baisse des prix des denrées agricoles a contribué à l'appauvrissement des familles paysannes, l'exode rural, et la répétition de mauvaises pratiques agricoles (cercle vicieux). Cet auteur, en parlant de la production des fèves à Irecê: « Parmi les principaux problèmes que rencontrent les agriculteurs, la frustration constante en raison des sécheresses est sans doute la pire pour les pertes qu'elles entrainent. Lorsque la récolte est jugée

41

satisfaisante, les prix chutent en raison de la sur-production du marché interne brésilien. Dans ces cas, il y a un déséquilibre entre les prix de production et les prix reçus »[71].

> Alex, 34 ans, travaille avec l'irrigation: *«Le gros problème c'est que lorsque je plante quelques hectares de carottes, je ne sais pas quelle sera leur valeur lorsqu'elles arriveront sur le marché. Parfois on plante et on produit pas bien, d'autre fois ca produit bien mais y a pas de prix. Pour planter 1 hectare de carottes ca me coûte environ 2000 reais d'investissement. En général je plante trois hectares, et je récolte environ 900 sacs à 8 reais par sac. Mais ca dépend le sac peut valoir entre 2 et 20 reais selon l'état du marché au moment de la cueillette. Donc parfois je perd, parfois je gagne ».*

La région d'Irecê est pleine d'histoires de faillites et même de suicides d'agriculteurs désespérés. Fin des années 1970 et début des années 1980, beaucoup de paysans qui ont reçu des crédits se sont retrouvés dans des situations difficiles. « Beaucoup d'investissements ont été faits à travers les crédits agricoles et, avec la diminution de la production, beaucoup de producteurs se sont retrouvés en situation de faillite et en dette vis-à-vis des banques. L'une des conséquences principales a été la désactivation de projets agricoles ce qui a renforcé la profonde crise du système local de production »[72].

D'autre part, en plus de la chute des prix des denrées, nous percevons également une baisse substantielle des crédits agricoles à partir des années 1980. De 1980 à 1994, le gouvernement central se retire littéralement des campagnes. On assiste à un processus de libéralisation à outrance de l'agriculture lié aussi au "pas très fameux" ajustements structurels: « Le dispositif des politiques agricoles favorisant la révolution verte appliqué dans de nombreux pays du monde dans les années 1960, fondé sur des subventions et un appareil public d'appui, s'est en grande partie effondré en raison de son coût élevé et de son efficacité devenue discutable avec le temps et des coups portés par les politiques d'ajustement structurels »[73].

4.6) Révolution de la culture agricole

Il est toujours intéressant de constater que dans le mot agriculture il y a le mot culture. La culture englobe et implique par conséquent l'agriculture qui peut ainsi être regardée comme une activité culturelle par essence, dans la mesure où l'on peut lire à travers diverses manières de cultiver la terre, différentes démarches culturelles, différentes manières de tirer le meilleur de la terre, donc de la nature et différentes façons de s'alimenter.

---

71 Schmitz, 2003
72 Novaes, 2007, p.64
73 Griffon, 2006, p. 123

Avec la modernisation de l'agriculture, le passage d'une production de subsistance à une production d'exportation, avec les aides de l'État sous formes de bourses qui ne sont pas liées à la production et donc qui n'encourage pas l'activité agricole, la culture du peuple change: sa façon de s'alimenter et de pratiquer l'agriculture. Par exemple aujourd'hui, le *sertanejo* compte dans sa diète journalière pain, spaghettis et riz, aliments qu'ils ne produira jamais. Inversement, celui-ci valorise de moins en moins le *umbu* (fruit local), le *feijão gandu* (plus résistant) ou encore le manioc qui tend à disparaître des tables au profit des sachets de parmesan! Tout cela peut sembler anodin mais contribue a expliquer l'effondrement de l'agriculture dans la région d'Irecê: l'obstination a planter des cultures exogènes au système et à s'alimenter de produit qui viennent de loin.

A partir des années 1960, s'est opéré chez les populations paysannes un glissement d'une logique de production de subsistance vers une logique de marché. Ainsi beaucoup de savoir local s'est perdu en cours de route. « L'introduction de savoir-faire allochtones dans les écosystèmes secs a ébranlé les valeurs ethno culturelles des populations et leur mode parcimonieux d'utilisation des ressources »[74].

Ou encore: « Effondrement des systèmes traditionnels de production sous la pression humaine et animale croissante qui peut être considérée comme la cause principale de l'effondrement des écosystèmes fragilisés par la sécheresse »[75].

Il est dit des populations du *Sertão* qu'elles avaient autrefois un système intégré et spontané d'entre-aide et de solidarité. Ces populations réalisaient des *Mutirões* ou journées de travail collectif pendant lesquelles les travailleurs se regroupaient sur une propriété donnée et oeuvraient collectivement : « Pour ne citer que les résultats les plus évidents de la révolution verte dans le semi-aride brésilien, la déstructuration de l'agriculture familiale diversifiée, la destruction des pratiques traditionnelles qui étaient en harmonie avec le climat local comme par exemple, les techniques de conservation des aliments, le stockage de l'eau dans le sol et les pratiques de travail collectif»[76].

Ces populations possédaient également des systèmes d'échange efficaces : « Cette diversité en petites unités se retrouve dans l'éventail des modes de mise en valeur de la terre, des réponses

---

74 Mainguet, 2003, p.146

75 Nahal, 2004, p.40

76 Bastos, 2006, p.3

communautaires et des systèmes d'échange. Nous la percevons dans les répliques diversifiées que les hommes ont de tout temps opposées à l'aridité et aux crises de sécheresse et dans les révisions des stratégies de lutte contre la dégradation. Sur cette mosaïque d'échelle locale, transférer nos conceptions et modèles occidentaux de développement d'échelle régionale s'est avéré erroné, comme il serait illusoire d'omettre le poids de la mondialisation »[77].

Ces éléments ne sont pas apporté ici dans le sens d'une idéalisation des anciens temps qui seraient trop dangereuse. Il s'agit simplement de démontrer qu'il y a eu en quelque sorte une rupture. Et que les résultats du nouveau modèle « imposé » ne sont pas convaincants. D'où cette analyse qui cherche à comprendre les causes de l'effondrement de l'agriculture familiale dans la région et tenter de pointer vers des chemins nouveaux pour l'avenir de ces populations. Des chemins meilleurs pas nécessairement en termes de production agricole, donc en termes quantitatifs, mais en termes qualitatifs ou d'amélioration de la qualité de vie.

V. Quelques pistes pour l'avenir

> « La région d'Irecê a tout pour prospérer. Pour cela, nous devons stimuler des politiques publiques d'encouragement à un développement durable. Ces dernières décennies, connue sous le nom de capitale du feijão, la région d'Irecê a vu ses terres se dégrader en fonction des pratiques imposées par un modèle de développement économique erroné qui a conduit à la destruction des ressources naturelles comme le sol, l'eau, la flore et la faune, et à l'appauvrissement des paysans rendant impossible toute vie digne en milieu rural. Pour cela, notre jeunesse ne veut plus vivre en campagne et part s'entasser dans les grands centres urbains s'exposer aux risques du crime organisé. Pour toutes ces raisons, nous devons définir avec urgence un modèle qui garantisse la durabilité locale ».
>
> Député Bassuma. Entrevue pour le journal *Cultura e Realidade* – édition 203 (Janvier 2009).

Nous l'avons dit, pour la petite paysannerie, migrer vers les grands centres urbains saturés n'est pas une solution viable et rivaliser avec l'agro-business non plus. Les paysans appartiennent à une autre économie: parallèle mais bien existante. Même si les populations rurales de la région d'Irecê ont plus de richesse matérielle qu'auparavant (électricité, télévision, cuisinière au gaz), ces même populations ont perdu le plus important: leur activité professionnelle, leur autonomie, leur statut de paysan qui peut vivre dignement de sa production, en quelque sorte leur statut social et leur auto-estime. Celui-ci est à présent assisté dans sa oisiveté. Sa dépendance aux aides du gouvernement est quasi intégrale ainsi que sa dépendance à des aliments qui viennent de plus en plus loin.

---

77 Mainguet, 2003, p.145

Comme nous l'avons vu précédemment, les problèmes principaux qui ont conduit à l'effondrement de la production agricole issue de l'agriculture familiale à partir des années 1980 sont:

- Des pratiques agricoles erronées et mal-adaptée au local qui ont conduit à l'appauvrissement graduel des sols.
- Une mise en compétition de l'agriculture familiale avec l'agro-business qui a mené à la non-compétitivité de l'agriculture paysanne.
- Enfin, et ce point est lié au précédent, un effondrement des prix des produits agricoles. Il s'agit d'un phénomène mondial.

Donc, pour re-dynamiser l'agriculture familiale dans la région d'Irecê, il faudrait idéalement contempler de ces trois dimensions. Et nous verrons qu'à partir de 1994, avec la Politique de crédit du programme d'appui à l'agriculture familiale (PRONAF), le gouvernement brésilien met en place certains mesures intéressantes et qui répondent très bien à notre analyse.

5.1) Politique de crédit du programme d'appui à l'agriculture familiale (PRONAF)

Face à tout ces problèmes liés à la survie de l'agriculture familiale, le gouvernement de Brasilia (à l'époque du président Fernando Henrique Cardoso) met en place un programme très intéressant, le PRONAF, qui s'est ensuite intensifié sous le gouvernement du président Lula. Une volonté donc, de la part du gouvernement fédéral, de combattre la pauvreté justement en appuyant l'agriculture familiale.

Le PRONAF créé en 1994 est un programme d'appui à l'agriculture familiale. Celui-ci est composé de trois grands types d'interventions: l'amélioration des infrastructures rurales, l'appui au crédit pour l'agriculture familiale et la formation des agriculteurs. Selon les conclusions d'un rapport de la Banque mondiale de 1990, « dans les sociétés très inégalitaires, d'une part les pauvres ne parviennent pas à valoriser leurs actifs productifs sur les marchés, que ce soit par la vente de produits de leur travail ou l'obtention de crédits nécessaires pour leur activité, et d'autre part, les riches n'investissent pas suffisamment dans des actifs de long terme comme l'éducation susceptibles de modifier la création de revenus pour les plus pauvres »[78]. Ainsi, renverser cette situation est un défi majeur des politiques actuelles de développement. Et le PRONAF est une expérience innovante dans la recherche de réduction des inégalités.

Les termes utilisés, à l'époque, pour décrire l'agriculture familiale: production à faibles revenus - de

---

[78] Abramovay et Piketty, 2005

subsistance - agriculture non commerciale, etc., montrent que celle-ci était considérée comme relativement importante socialement mais négligeable économiquement et destinée à disparaître. Voilà justement ce que ce travail essaie de démontrer: l'importance sociale et économique de la petite agriculture et l'importance de la valoriser comme telle.

Donc le PRONAF cherche, dès le début, à donner de la valeur à cette agriculture non seulement socialement mais économiquement également. En quelque sorte, le PRONAF est un retour en arrière car le gouvernement brésilien, dès les années 40-50 fournit massivement des crédits aux agriculteurs y compris familiaux. Ces crédits s'arrêtent vers 1980 et reprennent en 1994.

Même si l'agriculture familiale reçoit beaucoup moins de crédits que l'agro-business de la part du gouvernement central, on constate tout de même une augmentation considérable avec le temps:

Année	Valeur des crédits à l'agriculture familiale (en milliards de reais)	Crédits à l'agro-business (en milliards de reais)
1999	1,24	
2001	1,44	
2003	2,36	
2010	16	100

Source: www.pronaf.gov.br (crédits pronaf)

Seulement, les crédits PRONAF sont différents des crédits du passé justement parce qu'ils sont accompagnés de formation et parce qu'ils respectent l'agriculture familiale en tant que telle.

Cela vaut la peine de remarquer tout de même que l'agriculture industrielle reçoit six fois plus de subventions que l'agriculture familiale!

5.1.1) La formation des agriculteurs:

Ce programme PRONAF offrent aux agriculteurs, qui bénéficient de crédits, des formations très diversifiées, adaptées aux régions où il s'applique et qui inclus une dimension sociale importante. Ainsi, on retrouve, par exemple, le PRONAF semi-aride, le PRONAF forêt, le PRONAF pour les jeunes, pour les femmes, etc.

Définition du PRONAF semi-aride selon le Site officiel: « Ligne de financements d'investissements pour des projets de "cohabitation" avec le semi-aride qui se concentre sur la soutenabilité des agroécosystèmes et qui priorise l'infra-structure hydrique (agrandissement, récupération et modernisation des équipements) tout en respectant les besoins des agriculteurs familiaux.

En étudiant de près ces programmes PRONAF, on se rend également compte que la ligne agro-écologique a pris de l'importance: couverture permanente des sols, protections contre les formes d'érosion, rotations de cultures, etc.

5.1.2) Agriculture familiale valorisée en tant que telle:
De plus, l'agriculture familiale est désormais considérée et respectée en tant que telle justement pour son importance sociale et sa production, même modeste, qui est valorisée. Par exemple le programme de "l'achat direct" (*compra direta*) jumelé avec les crédits publics permet aux agriculteurs d'avoir accès à certains marchés avec priorité.

Ce programme issu du *Fome Zero* du gouvernement Lula établi des partenariats privilégiés entre les agriculteurs familiaux et le gouvernement local ou de l'État. Ainsi, l'État achète aux agriculteurs leurs produits qu'il repasse ensuite à différentes populations en situation de risque alimentaire: typiquement, les crèches, les écoles, les hôpitaux, les oeuvres de charité, etc. Ce programme gère également les stocks et cherche à joindre l'offre et la demande. Ainsi: « sont gagnants, les agriculteurs qui vendent leurs produits à un prix juste, sans intermédiaire, et la population qui reçoit des aliments locaux et de bonne qualité »[79]. La production de l'agriculteur est également assurée de trouver preneur puisque les produits sont achetés à l'avance. Cela donne ainsi une garantie aux producteurs qui travaillent dans des zones à risques.

« Ainsi, le *Programme achat direct*, rend possible de nouvelles perspectives d'investissements pour les agriculteurs. A travers l'organisation sociale et l'approche de l'économie solidaire ainsi qu'une attention soutenue à la soutenabilité des écosystèmes, ce programme potentialise le processus productif, pas seulement par l'agrégation de valeur, mais surtout par un processus collectif de production et une formation citoyenne des intéressés »[80].

5.2) Articulation semi-aride (ASA)
A partir de la fin des années 1990 et largement influencée par les ONG et les mouvements sociaux, une large coalition d'acteurs de la société civile de la zone semi-aride du *Nordeste* brésilien s'organise. Il s'agit de l'articulation semi-aride (ASA) composée d'ONG, de mouvements, de

---

79 http://www.correiodatarde.com.br/editorias/economia-44973 (Vice-gouverneur de l'État du Rio Grande do Norte)
80 Guerra, Ana Carolina

pastorales, de diocèses, etc. Leur principale revendication: casser cette idée populaire que le *Sertão* est terrible, que la région ne permet pas de vivre dignement et est sans espoir pour les familles issues de l'agriculture familiale. A travers une large campagne de financement auprès du gouvernement du président Lula dès 2002 qui trouve une issue favorable, l'ASA lance le projet « Un million de citernes ». L'objectif: construire avant 2010 un million de citernes de captation de l'eau de la pluie pour les familles qui n'ont pas accès à l'eau potable. Avec ce programme de construction de citernes, auquel les familles concernées participent activement de l'ensemble du processus, l'ASA mène un programme parallèle d'éducation environnementale et d'éducation pour la préservation de l'eau en milieu semi-aride. Ce programme est un tel succès que l'ASA lance quelques années plus tard, un nouveau programme toujours en phase de réalisation qui s'intitule « une terre, deux eaux ». Il s'agit désormais de faciliter l'accès à la terre pour les familles pauvres (plans de réforme agraires, redistribution de terres, expropriations de terrains non-utilisés) et de construire, dans ces propriétés, deux citernes: l'une petite pour la consommation d'eau potable pour la famille et l'autre plus grande (souvent sous-terre) pour la production.

(Voir photos 16 et 17 en annexe)

Le motif derrière tout ce programme est d'inculquer un nouveau regard sur le semi-aride. Il ne s'agit justement pas d'essayer d'amener des techniques exogènes et coûteuses à la région mais d'offrir des technologies simples, adaptées, accessibles, qui permettent une vie meilleure avec le local, respectant les caractéristiques du lieu et du climat.

5.3) Projets de polyculture

Dans la région, plusieurs ONG dont l'Institut de Permaculture de l'État de Bahia, tentent de travailler la polyculture avec les agriculteurs locaux. L'idée est de proposer aux agriculteurs qui le veulent de travailler sur une parcelle de leur terrain, généralement la parcelle la moins productive, un système de polyculture ou agro-foresterie. Comme nous l'avons vu, en zone semi-aride la monoculture pluviale est risquée car la sécheresse peut frapper à tout moment et décimer la production. Une série de parasites peuvent éradiquer un champs. Pendant la saison sèche, la terre nue est vulnérable aux facteurs érosifs. La monoculture telle que pratiquée dans le *sertão*, appauvrit les sols et conduit même à une perte des sols.

La polyculture propose donc aux agriculteurs un système diversifié, intégré et permanent sur lequel ils vont planter autant de cultures annuelles que des arbres, des plantes grimpantes, ligneuses, qui fixent l'azote dans le sol, qui produisent des fleurs pour les pollinisateurs, du bois, des fibres, des fruits, etc. Ce système contribuera à la protection, préservation et fertilisation du sol. Il aura également une fonction de préservation de l'humidité dans le sol.

Enfin, selon le scénario du changement climatique global provoqué par les émissions de gaz à effets de serres trop importantes, ne pourrait-on pas créer une agriculture capable de séquestrer le CO_2? Les projets de plantation d'arbres pour la séquestration du CO_2 se multiplient mais aucun ne sert les populations pauvres comme l'agro-foresterie a la capacité de le faire. D'autre part, celle-ci a l'avantage de préserver également la bio-diversité. Elle offre aussi un cadre de travail pour les paysans qui demande et valorise un certain savoir, l'activité devient diversifiée et se pratique dans un environnement agréable d'ombre et de plantes variées.

Enfin, l'agro-foresterie est productive de bois ce qui n'est pas négligeable dans un lieu du monde où l'on cuisine encore beaucoup au feu de bois.

Conclusion: une agriculture appropriée

Donc, en guise de conclusion, si l'on considère la multi-fonctionnalité de l'agriculture, si l'on accepte que l'agriculture n'est pas simplement une activité lucrative comme les autres mais qu'elle possède des dimensions également sociales, culturelles et environnementales et bien cela vaut la peine d'investir des fonds publics pour la renforcer « intelligemment ». Peut-être que le virage vers la "modernité" est entrain de s'effectuer dans les pays en développement y compris et que les campagnes petit à petit se videront à l'avenir ou seront caractérisées économiquement davantage par les secteurs secondaires et tertiaires? Mais en attendant ce virage, et pendant que le travail et l'espace dans les grandes villes manquent drastiquement, qu'allons-nous faire des centaines de millions de paysans pauvres encore installés dans les campagnes? Ainsi les sociétés modernes font face à des *trade-offs* dont l'un des plus important oppose équité et efficacité. Cela n'est pas simple comme question mais il semble absolument indispensable de subventionner l'agriculture familiale et viser une productivité même relativement faible mais écologiquement durable plutôt que donner des bourses aux familles sans encouragement à la production.

Il est important aussi de rappeler que l'agriculture familiale au Brésil est responsable pour la production de 54% du lait, 84% du manioc et 68% des fèves et 48% du maïs consommés par les brésiliens. Il ne s'agit donc pas d'une production négligeable.

Deux ans après la crise alimentaire de 2008, n'oublions pas que la faim et la malnutrition touchent un homme sur six. N'oublions pas que la planète devra nourrir 9 milliards d'habitants en 2050.

N'oublions pas que le changement climatique et les aléas économiques pèseront à l'avenir encore davantage sur le revenu des producteurs, en particulier les producteurs familiaux, et sur l'approvisionnement de nombreux pays, développés et en développement. Et pour répondre aux défis de la faim, de la sécurité alimentaire, de la violence, des inégalités sociales, du manque d'emplois et de revenus, l'agriculture familiale doit être soutenue.

Tout comme les sols, la sécurité alimentaire est un bien public mondial. L'agriculture, en particulier l'agriculture familiale, est un secteur économique d'intérêt social.

La question n'est pas de choisir entre mondialisation et non mondialisation, mais de choisir entre une mondialisation aveuglément libérale, excluante pour les pauvres qui se heurtent à des résistances et une mondialisation réfléchie, organisée, régulée, écologiquement soutenable, profitable à tous et toutes, qui doit recevoir un large soutien.

Bibliographie:

Ouvrages de référence:

Angladette, A et L. Deschamps, 1974, *Problèmes et perspectives de l'agriculture dans les pays tropicaux.* Maisonneuve et Larose.

Caron. P, Eric Sabourin, 2001, *Paysans du Sertão – Mutations des agricultures familiales dans le Nordeste du Brésil.* Montpellier, Cirad.

Chambers, R., 1983. Rural development : putting the last first. Longman.

Chonchol J.,1986, *Paysans à venir – Les sociétés rurales du tiers-monde.* Paris, La découverte.

Costa, U-R., 2004. *Programma de Desenvolvimento Regional Sustentavel.* Salvador. CAR – Companhia de Desenvolvimento e Açao Regional.

Dixon, C., 1990, *Rural Development in the third world*, Routledge.

Dufumier, M., 1996, *Les projets de développement agricole – Manuel d'expertise.* CTA Karthala.

Dumont R., 1979, *Paysans écrasés terres massacrées*, Paris, Robert Laffont.

Dumont R., 1988, *Un monde intolérable, le libéralisme en question*, Paris, Seuil.

Dumont R., 1961, *Terres vivantes*, Paris, Plon.

Cohen Marianne et Ghislaine Duqué, 2001, *Les deux visages du Sertão: stratégies paysannes face aux sécheresses.* IRD éditions.

Ellis, F., 1992, *Agricultural policies in developing countries*, Cambridge University Press.

Ellis, F., 2000, *Rural livelihoods and diversity in developing countries.* Oxford.

Farrington, J. et Adrienne Martin, 1988, *Farmer participation in agricultural research : a review of concepts and practices.* Overseas Development Institute.

Galeano E, 1971, *Les veines ouvertes de l'Amérique latine.* Plon.

Griffon M., 2006, *Nourrir de la planète.* Paris, Odile Jacob.

Hazell, Peter, C. Poulton, S. Wiggins, A. Dorward, 2007, *The Future of Small Farms for Poverty Reduction and Growth.* International Food Policy Research Institute.

Huber E., Franck Safford, 1995, *Agrarian structure and political power.* Pittsburgh, University of Pittsburgh Press.

Keen B., 1996, *A history of Latin America – Vol II*, Boston, Houghton Mifflin Company.

Levy F., 1982, *Brazil, a review of agricultural policies.* Washington, World Bank.

51

Maingsuet M., 2003, *Les pays secs, environnement et développement*. Paris, Ellipses.

Nahal I, 2004, *La désertification dans le monde: causes, processus, conséquences, lutte*. L'Harmattan.

Rabhi, P., 2006, *Conscience et Environnement*. Sagesses.

Rabhi, P, 2008, *Manifeste pour la terre et l'humanisme*. Actes sud.

Sampoio Y., 1979, *Politica agrícola no Nordeste*. Brasilia, Binagri.

Savonnet, Goerges, 1980, *Sociétés paysannes du Tiers monde*. Presses universitaires de Lille.

Articles scientifiques :

Abramovay, Ricardo et Marie-Gabrielle Piketty, 2005, *Politique de crédit du programme d'appui à l'agriculture familiale (Pronaf): résultats et limites de l'expérience brésilienne dans les années 1990*. Cahiers Agriculture, vol. 14, n.1, janvier-février 2005.

Alier, Joan Martinez, 2002, *L'incroyable et triste histoire de l'Amérique Latine et de sa dette perverse*. La Insignia.

Barraclough, Solon, *Food Security and Secure Access to Land by the Rural Poor*. The Society for International Development, 4, 1996 : 22-33.

Bastos, Flavio, 2006, *Estudo propositivo para dinamização Econômica do Território Rural de Irecê*.

Berthelot, Jacques, *Pourquoi et comment la libéralisation des échanges agricoles affame les paysans du sud et marginalise ceux du nord*. Via Campesina, Une Alternative paysanne à la Mondialisation nélibérale. CETIM, 2002 : 42-54

Brito, F, 2002, *Les migrations internes au Brésil*. CNPq.

Blaikie, P et Harold Brookfield, 1985, *Land degradation and society*. Methuen.

Bezerra Leite F-R

Chonchol J.,1986, *Paysans à venir – Les sociétés rurales du tiers-monde*. Paris, La découverte.

Courcoux Gaëlle, 2009, *Le Nordeste du Brésil soumis aux caprices des océans*. Institut de recherche pour le développement, fiche n. 331

Couto Victor de Athayde et Marc Dufumier, 1998, *Néoproductivisme*, Caderno CRH

Desmarais, A-A, 2002, *Via Campesina: consolidation d'un mouvement paysan international*. CETIM

Dos Santos Filho A-M, 2008, *La revalorisation économique de l'ouest de Bahia, à partir de l'expansion de l'agriculture moderne*. Revue Pegada – vol. 9 n.2.

Dufumier M., 1986, *Les politiques agraires*. Paris, Presses Universitaires de France.

Dumont R., 1979, *Paysans écrasés terres massacrées*, Paris, Robert Laffont.

Dumont R., 1988, *Un monde intolérable, le libéralisme en question*, Paris, Seuil.

Dumont R., 1961, *Terres vivantes*, Paris, Plon.

Eustaquio Pereira S. et Dos Santos A, 2003, *Particularidades na agricultura familiar: uma abordagem a partir dos systèmes agraires. ANPEC*

Félix dos Santos, Claudio, 2009, *L'école technique d'agriculture d'Irecê: études sur les attentes des étudiants au sujet de l'avenir de l'école*. Université de l'Etat de Bahia – UNEB.

Fernandes Lima, 1988, *Sistemas agrosilviculturais desenvolvidos no semi-árido brasileiro*. Boletim de Pesquisa Florestal, Colombo, n. 16, p.7-17.

Guerra Ana Carolina, *L'agriculture familiale et l'économie solidaire,* CNPAT - Empraba

Hazell Peter, Colin Poulton, Steve Wiggins et Andrew Dorward, 2007, *The Future of Small Farms for Poverty Reduction and Growth*. International Food Policy Research Institute.

Katz, F et P. Lima, 1993, *Innovations technologiques et développement de la périphérie: étude de cas dans le Nordeste brésilien*. Revista Pernambucana de Desenvolvimento, v. 14, n. 1-2.

Keen B., 1996, *A history of Latin America – Vol II*, Boston, Houghton Mifflin Company.

Lahmar, R, 1996, *Dégradation des sols en agriculture minière*. Dialogues, propositions, histoires pour une citoyenneté mondiale

Lang, Tim, *Food Security : does it Conflict with Globalozation ?*. The Society for International Development, 4, 1996 : 45-50.

Levy F., 1982, *Brazil, a review of agricultural policies*. Washington, World Bank.

Mazoyer, M, 2001, *Protéger la paysannerie pauvre dans un contexte de mondialisation*. FAO.

Mazoyer, M. et Laurence Roudart, *Mondialisation, crise et conditions de développement durable des agricultures paysannes*. Via Campesina, Une Alternative paysanne à la Mondialisation nélibérale. CETIM, 2002 : 9-41

Mc Laughlin, Martin M., *Food Security in a Globalizing Economy*. The Society for International Development, 4, 1996 : 51-61.

Merlina, T. *O Veneno no pão nosso de cada dia*. Caros Amigos, Décembre 2009.

Oliveira, C-N, 2005, *Utilisation des eaux souterraines pour l'irrigation dans la région d'Irecê*. UEFS.

Pereira Leite, Sérgio, *Agricultura familiar e experiências inovadoras no semi-arido nordetino*.

Estudos, Sociedade e Agricultura, 18, abril 2002 : 180-184.

Rockström, J, 1995, *Biomass production in dry tropcical zones: How to increase water productivity,* FA

Schmitz, A-P, 2003, *Particularités de l'agriculture familiale: une approche par les systèmes agraires.*

Sen, Amartya, *Economic Interdependence and the World Food Summit.* The Society for International Development, 4, 1996 : 5-12.

Shiva, Vandana, *The Seeds of our Future.* The Society for International Development, 4, 1996 : 14-21.

Souza, Henrique, 2005, *Experiências com sistemas de agrosylvicultura no semi-árido brasileiro.* Seminário Petrobráss de experiências florestais.

Théry H, 2004, *Agriculture et développement en Amérique latine.* Ecole normale supérieur.

Tonneau, J-P et Eric Sabourin, 2009, *Agriculture familiale et politiques publiques de développement territorial: le cas du Brésil de Lula,* Revue Confins, n. 5

Tonneau J-P., Yves Clouet, 1997, *L'agriculture familiale au Nordeste. Une recherche par analyse spatiale,* Nature Sciences Sociétés, Vol 5, n. 3, pp. 39-49.

Tonneau, Sidersky, Eloy et Sabourin, 2010, *Dynamiques et enjeux des agricultures familiales au Brésil.*

Tonneau et Rocha Barros, 2010, *Les transformations du Bassin du São Francisco*

Wilkinson, J, 2008, *O Estado, a agricultura e a pequena produção.* Centro Edelstein de pesquisas sociais

ANNEXES

Entrevues réalisées sur le terrain:

Onze entrevues réalisées entre le 11 janvier et le 8 février 2010. Celles-ci ont été enregistrées avec un dictaphone digital et retranscrites par la suite. Ces entrevues ont toutes été réalisées en portugais.

L'idée était de faire un questionnaire pas trop long mais qui pose les questions essentielles.

Questionnaire:

1. Dans quelle situation se trouve l'agriculture dans la région d'Irecê actuellement?

2. Pourquoi l'agriculture est-elle dans cette situation?

3. J'ai entendu dire que la région a connu une période prospère au niveau de sa production agricole? J'aimerais comprendre mieux.

4. D'après vous, quel sont les facteurs qui expliquent l'évolution de l'agriculture dans la région?

5. Quel a été le rôle du gouvernement et des banques publiques?

6. Quel est le rôle du gouvernement aujourd'hui? Quels organes du gouvernement sont présents dans la région? Et l'assistance technique?

7. Et l'irrigation?

8. De quoi vivent les familles d'agriculteurs dans la région?

9. Qu'est-ce qui pourrait amener une amélioration de la situation des petits producteurs?

10. Comment voyez-vous l'avenir de la région?

(A la demande, les enregistrements audio ou les transcriptions écrites de ces entrevues sont disponibles. Entrer en contact avec jdrochat@hotmail.com)

Présentation des interviewés

En préparation à ce travail, et afin d'avoir des éléments du terrain qui puissent alimenter le diagnostique et notre analyse, 11 entrevues ont été réalisées avec des individus de la région d'Irecê qui sont liés, d'une manière ou d'une autre, à l'agriculture. Le chercheur a essayé d'interroger des personnes issues de milieux différents, d'âges différents et de sexes différents. Des agriculteurs et agricultrices issus de l'agriculture familiale, des agriculteurs qui ont bénéficié des crédits des banque pour la monoculture intensive dans les années 1950-1980 et des techniciens agricoles du gouvernement et issus du milieu académique. Les information recueillies lors de ces entrevues sont utilisées pour renforcer nos arguments issus de la littérature. Ils donnent ainsi une dimension témoignage plus vivante à la théorie (questionnaire page précédente).

Lors de ces entrevues, la question d'introduction était toujours la suivante:
Dans quelle situation se trouve l'agriculture dans la région d'Irecê actuellement?

Voici ci-dessous une présentation des interviewés ainsi que leurs réponse à cette question clé qui constitue la problématique de cette recherche. La présente analyse cherchera à répondre à cette question.

Notez que les entrevues ont été réalisées en portugais et donc qu'un travail de traduction a été fait.

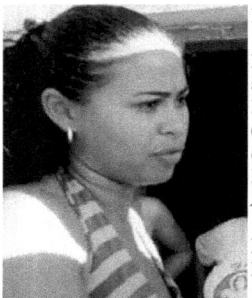

Paula, 30 ans.

Fille d'agriculteur. Termine actuellement un Master à l'Université de l'Etat de Bahia (UNEB) en pédagogie. Travaille comme technicienne agricole pour l'ONG CAA (*Centro de Assessoria do Assuruá*).

Entrevue réalisée à Irecê, le 11 janvier 2010

« La situation aujourd'hui est très délicate. Nous pouvons dire que la région agricole connaît un effrayant déclin depuis plusieurs années. Aujourd'hui l'agriculture est presque à l'arrêt. Les familles survivent grâce aux aides de l'Etat fédéral. La région a souffert un processus de dégradation des sols très grave. Les agriculteurs parlent toujours des pluies qui manquent mais je pense plutôt que le problème, c'est le manque de fertilité des terres ».

Carlos-Ney, 34 ans.

Professeur de géographie et membre du Secrétariat de l'environnement de la municipalité d'Irecê. Il a récemment écrit une thèse de *Master* sur l'irrigation dans la région d'Irecê.

Entrevue réalisée à Irecê, le 11 janvier 2010

« Aujourd'hui, la situation est très difficile. Je crois que s'il n y avait pas les programmes d'aide du gouvernement, la région serait dans un chaos total ou les migrations seraient massives. Dans les années 1970-1980, avec les financements des banques pour la monoculture intensive des fèves, les dernières forêts de *Caatinga* ont été détruite. Une bonne partie avait déjà été détruit plus tôt surtout pour la production du coton ».

Palito, 71 ans.

A beaucoup produit à une certaine époque. Palito a bénéficié pendant de nombreuses années des crédits pour la production du *feijão*. A tout perdu depuis.

Entrevue réalisée à Irecê, le 13 janvier

« La région d'Irecê n'est plus viable pour les agriculteurs. Plusieurs facteurs expliquent cela: absence de crédits du gouvernement, les sols de la région qui sont parmi les meilleurs du monde mais qui deviennent vieux et dépendant d'engrais externes et enfin, l'irrégularité des pluies. Ce n'est pas exactement le manque de pluie mais le fait que les précipitations sont de plus en plus irrégulières ».

Neto, 50 ans.

Agriculteur. Travaille sur sa propriété avec l'irrigation. Il a travaillé pendant des années traditionnellement et depuis quelques années il travaille bio.

Entrevue réalisée près d'Irecê, le 15 janvier 2010.

« La région est en faillite. Année après année les agriculteurs perdent leurs récoltes. La production est difficile pour les agriculteurs qui ont accès à l'irrigation alors imaginez pour les paysans qui travaillent les récoltes annuelles avec les pluies! C'est très compliqué et y a pas de prix pour les produits ».

Katia, 32 ans.

Agricultrice familiale. Travaillait la terre avec ses enfants juste avant l'entrevue. Son mari, agriculteur aussi, travaille comme maçon pour assurer un revenu plus régulier au foyer.

Entrevue réalisée à Morro de Higino, le 18 janvier 2010.

« On plante chaque année mais les récoltes sont de plus en plus difficiles. Le problème est lié au manque de pluies et leur irrégularité. Heureusement les familles reçoivent de l'argent du gouvernement grâce aux retraites des plus vieux et aux bourses familles pour les enfants scolarisés. Les enfants reçoivent aussi du lait à l'école ».

Edivaldo, 42 ans

Ingénieur agronome et technicien agricole de l'Entreprise développement agricole de l'Etat de Bahia (EBDA)

Entrevue réalisée à Irecê, le 22 janvier 2010.

« La situation est difficile. Premièrement, la dégradation environnementale que vous constatez dans la région, mais aussi la question des sols fatigués et de l'eau. Les puits sont entrain de sécher. Les ressources dans la région ont été sur-utilisées, les sols sont compactés. L'érosion aussi est terrible et l'eau de s'infiltre difficilement dans les sols ».

Olga, 70 ans.

Agricultrice retraitée.

Entrevue réalisée à São Gabriel, le
23 janvier 2010.

« L'agriculture va disparaître dans la région.
Ca ne sert plus à rien de planter. Plus
personne ne produit plus rien à cause des
pluies qui sont trop peu. Moi j'ai remboursé
la banque et j'ai arrêté de planter ».

Alex, 34 ans

Loue des terres, emprunte et
plante irrigué: tomates, oignons,
carottes, betteraves.

Entrevue réalisée à Morro de
Higino, le 26 janvier 2010.

« C'est très difficile. Parfois je gagne
quelque chose et parfois je ne fais que
rembourser l'investissement. Ca coûte très
cher en engrais et pesticides. Parce qu'on
doit faire face à beaucoup de parasites. Et
puis parfois quand je cueille mes carottes,
elles arrivent sur le marché à un mauvais
moment, quand y a pas de prix. Avant, Irecê
était connu dans tout le Brésil comme
capitale des fèves. Aujourd'hui Irecê c'est
finit ».

Francisco, 30 ans

Travaille comme technicien
agricole pour la préfecture d'Irecê.

Entrevue réalisée à Irecê, le 28
janvier 2010.

« On ne peut que constater la dégradation
des sols, la dévastation des forêts, et la perte
des récoltes depuis plusieurs années par les
agriculteurs. Les petits paysans perdent
constamment leurs récoltes depuis plusieurs
années et il me semble que la cause est la
dégradation des terres ».

Onias, 66 ans.

Agriculteur toujours actif
aujourd'hui.

Entrevue réalisée à São Gabriel, le
2 février 2010.

« Ca fait une cinquantaine d'années que je
plante chaque année. C'est clair que
dernièrement c'est devenu plus difficile à
cause des pluies plus irrégulières Pour les
agriculteurs comme moi qui n'ont pas de
système d'irrigation c'est très dur. Je réussit
à produire un peu chaque année mais pas
assez pour vendre. Avant j'empilais des sacs
et des sacs de fèves chez moi. C'était
l'abondance ».

Rone, 28 ans

Agriculteur et membre d'une association de petits producteurs.

Entrevue réalisée à Lagoa do Zeca, le 8 février 2010

« L'agriculture familiale souffre des conséquences de l'époque des haricots pendant laquelle la déforestation et la dégradation des sols ont été brutales. Et maintenant avec le changement climatique...On commence à voir ces changements pas seulement au niveau global mais aussi dans les petites propriétés rurales ».

Photos de la région d'Irecê.

Photos de Jean-David Rochat. Janvier – février 2010

Photo1: Perte d'une récolte de maïs suite à une sécheresse prolongée.

Photo2: Malheureusement le feu est encore beaucoup utilisé pour défricher.

Photos 3-4: Typique culture de fèves sur une terre granuleuse, faible. Attaque de parasite nettement visible sur la photo du bas.

Photo5: Culture jumelées de maïs (faible) et ricin (plus résistant).

Photo 6: Culture de maïs très affaiblie.

Photo7: Encore une fois, culture de fèves sur une terre granuleuse, compacte et sèche.

Photo8: Paysage typique pendant la saison sèche. Les terres sont laissées à nus sous le soleil.

Photos 9-10: Terres en mauvais état et érosion très visible.

Photo 11: Discussion avec un ami agriculteur de la région d'Irecê (A gauche Jailso et à droite, Jean-David Rochat).

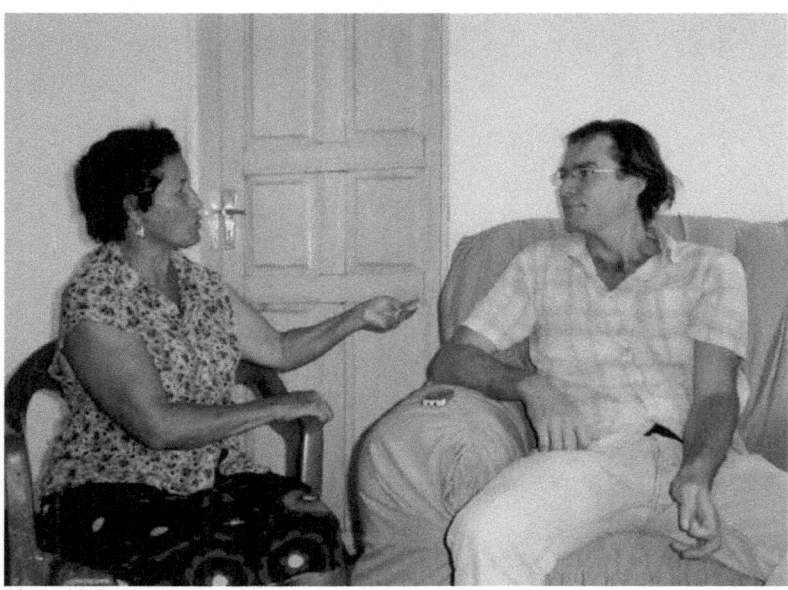

Photo 12: Entrevue avec Olga.

Photo 13: Entrevue avec Onias filmée.

Photo 14: Palito.

Photo 15: Maigre récolte de fèves mais tout de mêmes quelques sacs...

Photo 16: Famille qui a bénéficié du programme « Un million de citerne » de ASA (source Internet).

Photo 17: Citerne du programme « Une terre, deux eaux » de ASA. Ici citerne semi-enterrée de 50.000 litres avec aire de captation en ciment au dessus. Il s'agit probablement d'une réserve d'eau destinée à l'entretien d'un potager (source Internet).

Habitant de la région.

Une habitante de la région d'Irecê

Um immenso agradeçimento a toda população da região d'Irecê pelo acolhimento, a
gentileza e a paciência. Que povo forte e lindo! Fazer esse trabalho, ficar
mergulhado nesse universo tanto tempo foi demais... Um
agradeçimento e um abraço muito especial
a India e Poema, duas guerreiras
maravilhosas.
Jean-David

Imprimé en France
FRHW010833121121
29006FR00001B/3

9 783841 741172